山东半岛经济海藻
生态遗传及发育分化

赵凤娟　赵自国　著

科学出版社

北　京

内 容 简 介

山东半岛是我国经济海藻的重要产区之一,分布有多种大型经济海藻资源,并且该区是国内藻类学研究及海藻人工养殖技术研发和推广的重要基地。本书以海藻生态遗传和种质种苗培育为主题,分为上、下两篇。上篇主要应用分子标记技术研究该区重要经济马尾藻种群的遗传多样性和生态遗传结构,为马尾藻自然资源的保护和开发提供理论依据;下篇主要针对该区四种重要的大型经济红藻和褐藻,在室内对其有性生殖幼苗的早期发育分化特征和生长特性进行研究,为扩充潜在的海藻人工养殖种质资源提供理论和实验依据。

本书可供从事海洋生物学、水产养殖、生态学、遗传学、藻类学、植物生理学、生态资源管理及区域可持续发展研究的科研单位、高等院校、政府决策或管理部门的有关人员参考。

图书在版编目(CIP)数据

山东半岛经济海藻生态遗传及发育分化/赵凤娟,赵自国著. —北京:科学出版社,2018.11

ISBN 978-7-03-059413-6

Ⅰ.①山… Ⅱ.①赵… ②赵… Ⅲ.①藻类养殖-山东 Ⅳ.①S968.4

中国版本图书馆 CIP 数据核字(2018)第 253756 号

责任编辑:刘 丹 孙 青 / 责任校对:郑金红
责任印制:吴兆东 / 封面设计:铭轩堂

科学出版社 出版
北京东黄城根北街 16 号
邮政编码:100717
http://www.sciencep.com

北京建宏印刷有限公司 印刷
科学出版社发行 各地新华书店经销

*

2018 年 11 月第 一 版　　开本:720×1000　1/16
2019 年 1 月第二次印刷　　印张:9
字数:181 000

定价:59.00 元
(如有印装质量问题,我社负责调换)

前　言

　　山东半岛背靠渤海和黄海，分布有种类繁多的海藻资源，是我国北方经济海藻分布和养殖主产区之一，而且，该区集中分布了国内顶尖的海洋研究机构和团队，是国内藻类学、种质种苗培育和人工养殖技术研究及推广的重要基地。

　　近年来，马尾藻因其具有重要的经济和生态价值，成为我国经济褐藻研究、保护和人工养殖及开发的新秀。例如，其中很多种类已用于藻胶生产、活性物质提取、食物和饲料开发等方面；某些种类可在低潮间带或者浅潮下带区域形成茂密的藻场，作为鱼类、贝类或者其他生物产卵、孵化和摄食的场所，对维持海岸带生态系统的结构和功能有重要的生态价值。然而，山东半岛地区的马尾藻资源受到了海洋污染、海岸带开发和马尾藻相关经济开发项目的影响而面临严重威胁，为了保护沿海生态环境，对该区马尾藻苗床的保护和恢复具有重要现实意义。因此，亟须调查该区马尾藻天然种群的分类、分布、种群遗传资源状况，从而确定了本书上篇以山东半岛马尾藻生态遗传作为主题。

　　作为山东半岛潮间带马尾藻苗床建群种和该区重要的经济马尾藻之一，鼠尾藻在食品、工业、饲料、环保等方面具有广泛的应用价值，但是由于近年来对其野生种群的大量采收、挖掘和破坏性开发利用，使得山东半岛沿海的鼠尾藻野生资源受到严重破坏。而通过人工育苗的周期性移栽来实现严重污染和营养贫乏海区的苗床恢复，是实现已遭受破坏的海藻苗床恢复的有效方式，但种苗的规模化培育比较困难。另外，山东半岛一些具有重要经济价值的经济红藻类群，如真江蓠等，其养殖仍然以传统方法为主，可见，种苗来源已成为制约经济海藻规模化养殖的瓶颈，也是其野生资源得到保护和修复的关键，亟须发展高效实用的有性生殖育苗技术，实现规模化人工养殖。而新的海藻人工养殖技术的确立是建立在对其繁殖生物学和生活史特征详尽而准确的了解基础之上，从而确定了本书下篇关于经济海藻有性生殖幼苗发育分化的主题。

　　基于此，本书以海藻生态遗传和种质种苗培育为主题，分为上、下两篇。上篇针对山东半岛两种重要经济马尾藻种群，研究其遗传多样性和生态遗传结构，从而对其种群间的地理隔离、基因流动水平及其影响因素做出估计和判断，为马尾藻自然资源的保护恢复和开发提供理论依据；下篇针对该区四种重要的大型经济褐藻和红藻，在室内对其有性生殖幼苗的早期发育分化特征和生长特性进行研究，以期进一步丰富其繁殖生物学和生活史特性，并为扩充潜在的海藻人工养殖种质提供理论基础和实验依据，也为海藻的种苗培育提供技术支持。

　　本书研究得到了国家自然科学基金项目（40618001，NCUHK438/06）、山东省自然科学基金项目（ZR2011DL012）和山东省水产良种工程项目等科研项目的支持，以及滨州学院一流学科建设计划（生态学和环境工程重点建设学科）的资助，特此感谢。中国科学院海洋研究所段德麟研究员、王秀良副研究员、胡自民博士、王爱华博士，中国海洋大学王高歌教授等对本书的研究给予了很多的指导；中国科学院海洋研究所姚建亭博士、刘福利博士、刘继东老师参与了部分野外调查与采样工作；另外，本书的编写得到了山东省黄河三角洲野生植物资源开发利用工程技术研究中心的支持，科学出版社在出版过程中给予了很多的帮助，在此一并表示诚挚感谢！

　　在成书过程中，尽管我们做了很大努力，但由于作者水平有限，故书中难免有疏漏和不妥之处，敬请广大读者批评指正。

赵凤娟

2018 年 8 月于山东滨州

目　　录

山东半岛经济马尾藻种群遗传多样性的生态分异

山东半岛背靠渤海和黄海，分布有种类繁多的海藻资源，是我国北方经济海藻分布和养殖主产区之一。目前，该区已经实现人工规模化养殖的大型经济海藻主要涉及褐藻门和红藻门的少数种类，如海带、羊栖菜、紫菜、龙须菜、江蓠等。而且，该区集中分布了国内顶尖的海洋研究机构和团队，是国内藻类学和人工养殖技术研究及推广的重要基地。

马尾藻是山东半岛地区的重要经济海藻之一，因其具有多方面的应用价值和生态价值，成为我国经济褐藻研究、保护和人工养殖及开发的重点。例如，其中很多种类已用于藻胶生产、活性物质提取、食物和饲料开发等方面，而且某些种类可在低潮间带或者浅潮下带区域形成茂密的藻场，尤其是在亚热带和热带海区，常常成为优势群落，作为鱼类、贝类或者其他生物产卵、孵化和摄食的场所，在维持海岸带生态系统的结构和功能方面有重要的生态价值。然而，近年来山东半岛地区的马尾藻资源受到了海洋污染、海岸带开发和马尾藻相关经济开发项目的影响而面临严重威胁，为了保护沿海生态环境，该区马尾藻苗床的保护和恢复具有重要现实意义。但其中很多种类的分类地位、分布及种群遗传结构状况一直没有完全研究清楚，因此，对马尾藻的基础研究和应用研究均具有重要的意义。

近年来，多种 DNA 分子标记技术已被应用于马尾藻属种类的鉴定、种间的鉴别以及系统发育关系的分析。但是，对于该属天然种群资源的生态遗传研究相对匮乏。在此背景下，本研究运用随机扩增多态性 DNA（random amplified polymorphism DNA，RAPD）和简单重复序列间扩增（inter-simple sequence repeat，ISSR）两种分子标记技术，对采自山东半岛 4 个不同地理位置的马尾藻属鼠尾藻（*Sargassum thunbergii*）和海黍子（*S. muticum*）种群进行了遗传多样性和生态遗传结构的研究，从而对其种群间的地理隔离、基因流动水平及其影响因素做出估计和判断，对山东半岛地区马尾藻种群遗传评价、海洋资源修复等具有重要参考价值，也为该区马尾藻自然资源的保护、遗传选育和可持续开发提供理论依据。

1　马尾藻生物学特征及研究概况

马尾藻（*Sargassum* sp.）是马尾藻属海藻的统称，隶属于褐藻门（Phaeophyta）无孢子纲（Cystosporeae）墨角藻目（Fucales）马尾藻科（Sargassaceae）马尾藻属（*Sargassum*），其生活史为异型世代交替，藻体为孢子体，产生卵囊和精子囊，减数分裂在卵或精子形成过程中的第一次细胞分裂时进行。精子和卵结合为合子，萌发后形成新藻体。藻体分为固着器、主干和叶三部分。固着器有盘状、圆锥状、瘤状、假盘状、假根状等。主干圆柱状，向四周辐射分枝，极少数种类向两侧分枝。叶扁平或棍棒状。气囊可帮助藻体浮起直立，以便于接受阳光进行光合作用。气囊和生殖托都生自叶腋处，生殖托纺锤形或圆锥形。每个卵囊内有一个卵。

马尾藻是我国常见的经济海藻，其某些种类的分类、分布及种群资源状况一直没有完全研究清楚，因此，对马尾藻的基础和应用研究均具有重要的意义。

1.1　常见马尾藻的形态特征及分布

1.1.1　鼠尾藻

鼠尾藻 [*Sargassum thunbergii*（Mert.）O. Kuntze]，藻体暗褐色，高 10～50 cm，可达 120 cm。固着器为扁平的圆盘状，上生一条主干。主干甚短，3～7 mm，圆柱形，其上有鳞状的叶痕。主干顶端长出数条初生枝。外形常因枝的长度和节间距离的变化而不同。幼期，鳞片状小叶密密地排列在主干上，很像一个小松球。初生枝的幼期也覆盖有紧密螺旋状重叠的鳞片叶，其后，次生枝自鳞片叶腋间生出，有时甚短，不能伸出。叶丝状，披针形、斜楔形或匙形，边缘全缘或有粗锯齿，长 4～10 mm，宽 1～3 mm。气囊小，窄纺锤形或倒卵圆形，顶端尖，具有长短不一的囊柄。生殖托为长椭圆形或圆柱形，5～15 mm，顶端钝，单条或数个集生于叶腋间。雌雄异株。鼠尾藻是多年生的藻类，生殖托成熟后精、卵释放，藻体随即烂去，但基部仍保留，继续生出新枝。生长和繁殖季节因地而异。其生活史如图 1.1 所示。

鼠尾藻集生于中潮带和低潮带的岩石上，或在高潮带、中潮带的水洼或石沼中，有的甚至在低潮时较长时期地暴露于阳光下，均可生长。鼠尾藻是我国沿海习见种类，北起辽东半岛，南至雷州半岛，其间地区均有分布，是北太平洋西部特有的暖温带性海藻，除我国外，还分布于俄罗斯、日本和朝鲜（曾呈奎等，1962）。

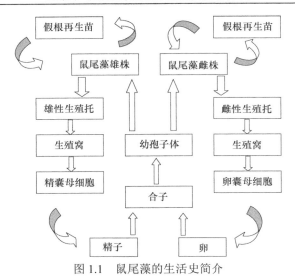

图 1.1　鼠尾藻的生活史简介

Figure 1.1　Brief introduction of the life history of *S. thunbergii*

1.1.2　海黍子

海黍子 [*Sargassum muticum*（Yendo）Fensholt]，藻体暗褐色，高 50～100 cm，可达 2～3 m。固着器为盘状，直径 1 cm 左右。主干圆柱状，单条或分枝一次，高 2～3 cm。幼体有初生叶 1～3 片。初生叶倒披针形或倒卵圆形，全缘或稍有粗齿，无中肋，但下部略为膨起；生存期较短，一般在主枝生出后不久即行凋落。主枝多条，为亚圆柱形，表面光滑，从主干的顶端螺旋式地紧密生出，形成假丛生的现象；幼期芽状，具有许多小而厚的鳞叶，螺旋式排列在短茎周围。鳞叶属于次生叶，披针形、倒卵圆形和亚楔形。次生枝自次生叶腋间生出，其上生有三生叶，为楔形或亚楔形，两边不甚对称，有的近亚匙形或倒披针形，为海黍子的典型藻叶。气囊生在次生枝与三生小枝上，越靠近枝的末端越多，幼囊为纺锤形或长椭圆形，成熟时为亚球形或倒梨形，顶端圆滑。生殖托圆柱形，顶端稍细，孤生于苞叶腋间，单条，偶有分枝，总状排列。雌雄同株，且同托，但不同窠，雌窠在托的上部，雄窠在托的下部。

海黍子多生长在低潮带石沼中以至大干潮线下 4 m 深处的岩石上，且多生长在背浪的地方。海黍子是我国黄海、渤海沿岸比较习见的种类，为北太平洋西部特有的暖温带性海藻，除我国外，还分布在千岛群岛和日本沿岸（曾呈奎等，1962）。

1.1.3　羊栖菜

羊栖菜 [*Sargassum fusiforme*（Harv.）Setchell]，藻体黄褐色，肥厚多汁，高

15～40 cm，可达 2 m 以上。固着器呈圆柱形的假根状，长短不一。主干圆柱形。幼苗的基部有 2～3 个初生叶。初生叶扁平，具有不明显的中肋，渐长则脱落，但南方暖水类型初生叶存在时间甚长。次生枝则不能伸长。叶的变异较大，形状也多，长短不一。气囊的形状很多，有球形、纺锤形或梨形等。枝、叶和气囊不一定同时存在于同一藻体上。生殖托圆柱形或长椭圆形，钝头，0.5～1.5 cm，具有柄，单条或者偶有分枝，丛生于小枝或叶腋间。雌雄异株。

羊栖菜生长在低潮带和大干潮线下的岩石上，经常为海浪冲击的处所。羊栖菜在我国的分布很广，北起辽东半岛，经山东半岛东南岸、浙江、福建至广东雷州半岛东岸均有生长。其属于暖温带性海藻，为北太平洋特有种类，除我国外，还分布于日本和朝鲜沿岸（曾呈奎等，1962）。

1.2　马尾藻分类研究

1.2.1　马尾藻属经典分类

马尾藻属（*Sargassum*）是褐藻门中最大的属，全世界已报道的马尾藻有 400 余种，广泛分布于世界范围的热带和温带水域（Yoshida，1983；Phillips，1995），大多数种类生活在太平洋和印度洋水域，特别是印度-西大西洋海域和澳大利亚沿岸（曾呈奎和陆保仁，1985）。

马尾藻属是褐藻门中分类最为细化和复杂的属之一，其属下的分类单位包括：亚属（subgenus）、部（section）、亚部（subsection）和系列（series）等，形成了一个复杂的分类系统。该系统最早由 Agardh 在 100 多年前建立（Agardh，1889）。马尾藻属下划分 5 个亚属，分别为叶枝亚属（*Phyllotrichia*）、裂叶亚属（*Schizophycus*）、反曲叶亚属（*Bactrophycus*）、节叶亚属（*Arthrophycus*）和真马尾藻亚属（*Sargassum*），有些亚属又可再分为部、亚部和系列等（Phillips，1995）。另外，马尾藻的形态可塑性较大，其形态可随时间、地区、环境的改变而变化，甚至在个体内和个体间也有很大差异（Kilar et al.，1992a，1992b），因而使该属分类更加复杂化，准确分类的难度变大。

马尾藻早期分类是依据其营养和繁殖形态学特征，常用的分类特征主要有：固着器，主干，初级和次级分枝，初生叶和次生叶，气囊和生殖托特征。Kilar 等（1992b）对马尾藻属的表型可变性进行了总结。Gillespie 和 Critchley（2001）对南非的三种马尾藻 *S.elegans*、*S.incisifollum*、*Sargassum* sp.1 形态特征的时间和空间可变性进行了详细的质量和数量研究，从马尾藻分类常用的形态特征中筛选出了相对稳定的特征，包括初生分枝的直径，叶片的长度和宽度，主干的直径，分枝及叶片的间隔，叶片的长宽比例等，同时发现主干的长度和主干上分枝的数目具有很大的可变性,为马尾藻准确分类提供了参考依据。Diaz-Villa 等(2004)通过对来自印度洋东部加那利群岛一个马尾藻群体的营养器官和繁殖器官形态特征的观测和比较,报道了新种 *S. orotavicum*。Lu 和 Tseng(2004)利用有特色的形态特征,区分和描述了 4 种隶属于 *Sargassum* 亚属 *Malacocarpiceae* 部的马尾藻,确定了其分类地位。

1.2.2 马尾藻分子系统学研究

藻类分子系统学主要是通过比较藻类的核酸及蛋白质序列差异进行系统发生和演化、亲缘关系及地理种群分布等有关问题的研究。近年来,随着 DNA 分子标记技术,如随机扩增多态性 DNA(RAPD)、18S～26S 核 rRNA 基因的内转录间隔区(internal transcribed spacer,ITS)序列分析等在分子系统学研究中的应用,这些分子数据也被应用于马尾藻属种类的鉴定、种间的鉴别及系统发育关系的分析。

Yoshida 等(2000b)结合形态特征、分布区域和 ITS-2 序列与其他类似种的比较,确立了新种北方马尾藻(*S. boreale* sp. nov.),并将其归入 *Bactrophycus* 亚属下的 *Teretia* 部。Stiger 等(2000)通过对来自于 3 个亚属 5 个部的 19 种马尾藻 5.8S 末端和 ITS-2 序列的分析,评估了 *Phyllocystae* 部的分类地位,发现属于 *Phyllocystae* 部的两种马尾藻在系统树中靠近 *Sargassum* 亚属中的一个部 *Zygocarpicae*,提出将 *Phyllocystae* 部由原来的 *Bactrophycus* 亚属转移入 *Sargassum* 亚属。Stiger 等(2003)进一步利用 ITS-2 序列对来自不同亚属和部的马尾藻种类进行了分类关系评估,尤其是对 *Bactrophycus* 亚属的再分类进行了评估。根据系统树研究结果(图 1.2),将 *Phyllocystae* 部由原来的 *Bactrophycus* 亚属转移入 *Sargassum* 亚属;认为羊栖菜(*Hizikia fusiformis*)应该被放入马尾藻属,命名为 *S. fusiformis*,且认为应将羊栖菜属(*Hizikia*)作为 *Bactrophycus* 亚属下的一个独立的部;*Bactrophycus* 亚属被再分类为 *Halochloa*、*Hizikia*、*Tetetia*、*Repentia*、*Spongocarpus* 5 个部;与之前 *Bactrophycus* 亚属的再分类不同(Tseng,1985);并对 *Sargassum* 亚属的 3 个部 *Acanthocarpicae*、*Malacocarpicae*、*Zygocarpicae* 中的 5 种马尾藻的分类位置加以讨论。

Wong 等(2004)利用形态学特征分析和 RAPD 分析区分了两种形态上相近的马尾藻:棒托马尾藻(*S. baccularia*)和匍枝马尾藻(*S. polycystum*),对 4 个 RAPD 引物扩增得到的多态性进行了聚类分析,发现其中的 3 个引物可以将两种马尾藻分开;形态特征分析指出两者之间关键性的区分特征是,*S. polycystum* 具有变形为匍匐枝的次生固着器,并且认为此特征差异可能与 RAPD 分析中两者的差异有关。

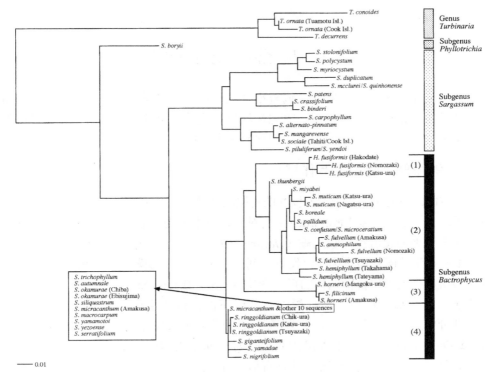

图 1.2　利用 ITS-2 序列比较和最大似然法构建的马尾藻属分子系统树（Stiger et al.，2003）

Figure 1.2　Phylogenetic affinities within the genus *Sargassum*，implemented by the maximum likelihood method based on ITS-2 alignment (Stiger et al.，2003)

Phillips 等（2000）综合对 Rubisco 操纵子的保守区和高变区（*rbcL rbcL-IGS-rbcS*）的分析对来自墨西哥湾、加勒比海和太平洋的马尾藻种类进行了系统演化研究，结果支持以前通过 *rbcL-IGS-rbcS* 分析得出的马尾藻亚属和部水平的系统关系，并且提出了一种新的全球范围的马尾藻系统演化观点。Phillips 等（2005）用叶绿体编码的 *rbcLS* 操作子序列对马尾藻属的分类和系统演化进行了评述。通过进化相对较慢的 *rbcL*，确认喇叭藻属（*Turbinaria*）适合作为外群，分析马尾藻的亚属和亚部；利用 *rbcL* 和进化相对较快的 *rbcS* 确认了东亚的属 *Myagropsis* 和 *S. sinicola* 可作为合适的内部分析种群。利用其构建的分子系统树，大多数的亚属和亚部分类水平的分类概念一致，却不支持 Agardh（1889）的系统演化理论，而是认为 *Phyllotrichia* 亚属不是一个单起源的亚属，其种类也不是马尾藻属中最原始的；*Sargassum* 亚属也不是马尾藻中最进化的亚属，确立了一种新的现代的马尾藻属的系统演化关系。

运用分子数据研究马尾藻属的分类和系统演化还刚刚开始，需要利用更多、更新、更全面的分子数据进行分析，更需要结合经典分类特征以及生理生态特性的统一分析。

1.3 马尾藻生态学研究

关于马尾藻生态特性的资源调查很早就引起了许多学者的关注。近年来的研究主要涉及群落间的相互作用、生态环境对马尾藻种群的影响以及马尾藻种群的物候学特性（如生长繁殖的季节性变化）三个方面。

1.3.1 生物群落间的相互作用

该方面的研究主要集中于入侵性的马尾藻种类，如海黍子。Wernberg 等（2004）研究了海黍子引入丹麦 Limfjorden 后，对当地附生生物群落结构的影响，通过比较海黍子与当地的相近种角长角藻（*Halidrys siliquosa*）上的附生生物种类和结构发现，不同寄主的附生微生物群落发育之间存在平行的时间模式，因而，海黍子的引入不会引起当地附生群落结构的很大变化。另外，Britton-Simmons（2004）研究了海黍子引入华盛顿后对当地的深海及潮线下的群落的直接和间接影响，发现其对当地的群落有负面影响，并发现主要的作用机制是荫蔽效应。Sánchez 和 Fernández（2005）研究了入侵的海黍子对潮间带大型藻类群落的影响，发现由于其在潮间带的丰富度较低，且具有假多年生的生活史，限制了其与当地其他大型藻类的竞争，因而未造成重大的生态影响。

Dempster 等（2004）通过对澳大利亚 New South Wales 沿岸的调查，发现漂浮的马尾藻类对于浮游鱼类的幼苗有重要的作用，即作为附着介质降低鱼类幼苗被掠食的危险，提高其后期附着率。Kim 等（2004）研究了生活在韩国 Jeju 岛岩石基质的中潮间带地区的 3 种优势的大型海藻，拟鸡毛菜［*Pterocladia capillacea*（Rhodophyta）］、中间软刺藻［*Chondracanthus intermedius*（Rhodophyta）］和羊栖菜的种间相互作用，发现前两种红藻之间存在明显的相互作用，前者对后者有不利影响，而后者的存在对前者有积极作用；但没有发现两者和羊栖菜种群之间有明显的相互作用。

1.3.2 生态环境对马尾藻种群的影响

Hales 和 Fletcher（1989，1990）分别研究了温度、光照和盐分对入侵的海黍子幼苗生长及生殖托发生和配子释放的影响，并用于解释其当前和将来的地理和生态分布。Steen（2004）研究了盐分对海黍子的繁殖和生长的影响，找到了其扩张在微咸水域受到限制的原因：其生活史早期阶段对于盐分的要求构成了一个生理障碍，从而在盐分含量低的微咸水域受到限制。Hwang 等（2004）研究了温度和营养对来自中国台湾南部珊瑚礁的 4 种 *Sargassum* 群落季节动态的影响，发现温度限制和营养限制因不同马尾藻种类和发育阶段而异。例如，随着水温和可溶性无机氮浓度的增加，荚托马尾藻（*S. siliquosum*）的覆盖率增加，而匍枝马尾藻（*S. polycystum*）的覆盖率降低，说明马尾藻群落的季节变化实际上是马尾藻种类组成及其温度和营养限制的时间变化的综合效应。Engelen 等（2005）研究了波浪和深度对于 *S. polyceratiun* 的生物量、密度及成熟程度的影响，认为波浪和深度都会对马尾藻群体结构造成影响，在浅水并且有适当波浪的环境中生长的马尾藻植株较大，生物量最丰富，不同于大型海藻分布的常规模式。

1.3.3　马尾藻种群的物候学特性

Wong 和 Phang（2004）研究了来自马来西亚 Cape Rachado 的两种马尾藻棒托马尾藻（*S. baccularia*）和宾德马尾藻（*S. binderi*）生物量的季节性变化，结果显示，两种马尾藻的生物量都和藻体的长度显著相关，均呈现出单峰的季节模式；两种马尾藻群体中幼苗占绝大多数，分别为 96% 和 89%；对其生物量和繁殖影响最大的因素是降水量。Diaz-Villa 等（2005）研究了 *S. orotavicum* 生长和繁殖的季节性变化，阐述了其形态在一年中伴随空间和时间的变化模式；并对其 11 种特征在个体内和个体间的稳定性进行了分析，发现其随着时间的变化存在很大的差异。Ang（2006）研究了中国香港的 4 种马尾藻：半叶马尾藻（*S. hemiphyllum*）、亨氏马尾藻（*S. henslowianum*）、裂叶马尾藻（*S. siliquastrum*）、展枝马尾藻（*S. patens*）的生长和繁殖的年周期变化规律，认为海水温度的变化是影响这些马尾藻种类物候特征的关键性因素。Rivera 和 Scrosati（2006）研究了加利福尼亚海湾马尾藻 *S. lapazeanum* 生长和繁殖的周期变化规律。Plouguerné 等（2006）研究了法国 Brittany 半岛沿岸入侵的海黍子群落的密度、繁殖时期、长度及酚含量等的时空变化模式，并且尝试用这些数据揭示其在当地长期存在和扩增的原因。

马尾藻的生态学研究，尤其关于群落间的相互作用、适宜生长环境及其种群动态变化的研究，可从一定程度上反映出物种入侵及海岸带开发对环境的影响，在海洋生态环境的监控和保护，以及马尾藻资源的合理开发和利用方面具有重要的指导作用。

1.4　马尾藻种苗培育及养殖技术研究

随着海岸带地区的综合开发利用，近海生态环境遭受到一定程度的负面影响，导致沿岸海藻苗床大量流失。Terawaki 等（2003）曾提出通过改善基质和人工育苗移植相结合的方式恢复马尾藻苗床。另外，对某些具有重要经济价值的马尾藻种类，需要对其进行规模化的人工养殖以满足巨大的市场需求。例如，分布在太平洋东部海岸低潮间带区域的羊栖菜，作为一种新型的营养丰富的食用海藻在韩国、日本和中国广受欢迎。从 20 世纪 90 年代开始，韩国和我国的浙江省就一直致力于羊栖菜规模化人工养殖方法和技术的摸索和实践（孙建璋等，1996；逄少军等，2001），因此对羊栖菜的繁殖生物学特征及种苗培育技术的研究较多，有些技术已尝试在我国南方进行产业化应用。

Hwang 等（1994a，1994b，1997）研究了光照和温度对羊栖菜繁殖、分化和生殖托形成的影响及类愈伤组织的形成和分化，为生产中的育苗条件的确立和人工苗的培育提供了指导；并且进一步研究了羊栖菜合子幼苗早期生长和发育的最适光温条件。阮积慧和徐礼根（2001）对羊栖菜的形态结构、繁殖方式进行了初步探讨，描述了羊栖菜幼苗的早期发育过程，发现其卵细胞的发育属于墨角藻科幼苗发育 6 种类型中的"8 核 1 卵"型，假根的发生属于"不规则 8 细胞"型（Inoh，1949）；并且尝试用室内采苗与海上培育相结合的方法进行羊栖菜的人工养殖。Park 等（1995）研究了光周期对羊栖菜生殖托形成和分化的影响，发现长日条件诱导生殖托的形成。Pang 等（2005，2006）通过对羊栖菜生殖小枝的翻滚式离体培养，提前了生殖托形成的时间，并且诱导精子和卵的同步排放，获得了高受精率，得到了大量有性生殖来源的幼苗，有助于羊栖菜种苗的规模化生产；接着，通过设计一个特制的跑道式养殖系统用于羊栖菜种苗生产，尝试对受精进行控制，获得了大量的合子幼苗，并且发现幼苗的快速生长需要一定的波浪环境。当然，也有对传统养殖和育苗技术的完善和深化，Hwang 和 Sohn（1999）通过研究羊栖菜假根再生技术，发现该技术可用于种苗的大量生产。

对其他种类马尾藻幼苗发育和养殖的研究相对较少，多数为实验室条件下对其早期发育过程及生活史特点的监控或对新的种苗来源的探索，但用于规模生产的报道少见。

一般说来，马尾藻属的海藻具有较好的对外界环境因子的耐受和适应能力。截至目前，关于各种物理因素对马尾藻类的幼苗生长影响方面的研究也有报道，但仅仅涉猎其中的 *S. echinocarpum*、*S. obtusifolium*、少囊马尾藻（*S. oligocystum*）、*S. polyphyllum*（de Wreede，1976，1978），以及来自太平洋的 *S. muticum*（Norton，1977；Hales and Fletcher，1989）。

Uchida（1993）在实验室条件下完成了铜藻（*S. horneri*）的生活史循环。Nanba（1995）利用扫描和透射电子显微镜技术揭示了铜藻排卵和幼苗早期发育过程中的超微结构变化。Yoshida 等（2001）对低温（5℃）保存长达一年的铜藻的合子进行了室外培养，观测到 >80% 的萌发率，且健康生长形成幼苗；并发现长期保存在 5℃ 条件下的铜藻幼苗可以健康的生长和成熟，初步确立了苗种的储存条件。

Yoshida 等（1999）对大托马尾藻（*S. macrocarpum*）的发育进行了研究，利用从其茎生叶（cauline leave）上发现的不定胚，经培育使其发育形成小植株，小植株脱离母体后，通过新生的假根附着于基质成为独立个体，并进一步发育成熟，从而成功获得了人工幼苗。

Hwang 等（2006）开展了无肋马尾藻（*S. fulvellum*）的人工育苗工作，通过对光照和温度条件的控制，在室内完成对其生殖托的成熟诱导，与野外自然生长的植株相比，生殖托的排卵时间提早了一个月，得到了一定量的人工种苗，并尝试通过传统的长绳系统完成海上养殖，为该马尾藻的规模化育苗及人工养殖打下了基础。

鼠尾藻是我国近年来具有较大开发价值的经济海藻，由于其营养成分均衡，被认为是海参的最佳天然饵料。随着我国海参养殖业的迅速发展，其经济价值和需求量急剧增加。由于大量采收自然生长的鼠尾藻种群作为养殖饵料，目前我国北部沿海的鼠尾藻自然资源已受到严重的破坏，因而鼠尾藻的人工繁育及养殖技术的研究开始在我国山东省各地开展起来。邹吉新等（2005）运用劈叉方式，开展了鼠尾藻的筏式养殖技术，提出了种苗来源的几种可能性解决途径，但种苗的大量获得依然没有得到根本解决。原永党等（2006）也在威海开展了鼠尾藻的劈叉筏式养殖实验，证明了该技术的可行性。但这种鼠尾藻的养殖方式，与羊栖菜的传统养殖技术相类似，仍然面临着种苗来源问题的制约和挑战。并且，关于鼠尾藻的基础生物学和早期发育方面的研究还很少，不利于新的养殖技术的开发。

总之，对马尾藻早期发育及种苗技术的研究虽已开展，但局限于个别种类，对马尾藻的繁殖生物学特征的研究，尤其是对其有性繁殖途径及种苗早期发育的深入研究，对马尾藻种群资源的恢复和经济种类人工养殖的开展具有重要意义。

1.5　马尾藻种群遗传研究

1.5.1　遗传标记与遗传多样性

遗传多样性可以从形态、细胞及分子等不同水平上进行研究。形态特征是遗传和环境、结构基因和调控基因综合作用的结果，其变异有其自己的遗传基础，形态特征的变化可以作为遗传变异的标志；从形态学水平研究遗传多样性主要是研究遗传上较为稳定的、不易受环境影响的性状（如藻体长度、形状、颜色等的相对差异），通过有效的采样方案，运用数学统计方法，对质量性状和数量性状进行研究，揭示这些性状的遗传规律、变异大小及种群的遗传结构。而细胞水平的研究，通常选择能明确显示遗传多态性的细胞学特征，如染色体形态、结构特征和数量特征等细胞标记，通过比较其在不同物种中的差异来反映其内在的遗传变异；细胞标记虽不易受环境影响，但标记的产生比较费时费力，有时难以获得或观察和鉴定相对困难。

蛋白质多态性一般通过两种途径分析：一是氨基酸序列分析；二是同工酶或等位酶电泳分析。在蛋白质多态性基础上发展起来的分子标记称为蛋白质标记。由于蛋白质分子分离和检测技术的提高，获得的蛋白质标记较细胞标记在数量上更丰富，且其受环境影响更小，能更好地反映遗传多态性，因而成为有用且可靠的遗传标记，尤其等位酶技术成为检测遗传多样性普遍采用的方法。但其也存在不具有通用性、酶活性有发育和组织特异性、只反映基因组编码区的表达信息等局限性；而且其标记的数量还比较有限。

DNA 水平的遗传多样性表现为核苷酸序列的任何差异，哪怕是单个核苷酸的变异，因此 DNA 标记的数量几乎是无限的。与以往的遗传多样性相比，DNA 标记具有以下的优越性：DNA 分子标记能对各个发育时期的个体、组织、器官甚至细胞做检测，而不受环境及基因表达与否的限制；数量多，分布在整个基因组范围内；多态性高，遗传稳定。DNA 分子标记所有的这些特征为其奠定了广泛应用的基础。利用分子标记的分析结果，不仅可以探讨物种间的亲缘演化关系，检测种内的遗传分化，而且还可以为属、种的分类提供强有力的证据。在了解天然种群的遗传结构、基因丰富程度及栽培作物种质资源遗传多样性的过程中，DNA 分子标记可以作为稳定的遗传标志，对生物种内和种间的遗传多样性等进行研究，从分子水平上揭示其遗传变异和遗传多样性。

1.5.2　同工酶标记及其在藻类种群遗传研究中的应用

同工酶作为遗传标记是 Markert 和 Moller（1959）最早提出的。同工酶是指催化同一生化反应但理化性质又存在差异的一种酶的多种分子形式，在电泳中表现出不同的迁移速率。同工酶结构的差异来源于基因类型的差异，因此同工酶并不一定是同一基因的产物。同工酶标记根据酶谱的不同来显示酶蛋白在遗传上的多态性，这种多态性可能是由于基因编码的氨基酸序列的不同引起的，或者是由于蛋白质翻译后加工的糖基化等引起的。Prakash 等（1969）把同一基因位点上不同等位基因编码的同种酶的不同分子形式称为等位酶，并把它同广义的同工酶相区分，使得酶谱的变化反映了等位基因和位点的变化。由于同工酶标记可以通过直接采集组织、器官等少量样品进行分析，突破了把整株样品作为研究材料进行分析的方式，并可以直接反映基因产物的差异，因此受到相当的重视与发展，应用于物种起源与进化、动植物的居群遗传学以及栽培植物种质资源的鉴定、开发和利用等研究领域，并做出了重要贡献。

由于海藻多糖对蛋白质提取的干扰，同工酶标记技术在海藻中的应用不是非常普遍，主要应用于海藻种群遗传多样性分析及不同地理分布的种群之间遗传分化的研究。

Sosa 和 Garcia-Reina（1993）对来自西班牙加那利群岛的 3 个不同地点的石花菜（*Gelidium canariensis*）的孢子体种群及配子体种群进行了分析，发现这 3 个地点的石花菜单倍体亚群的遗传变异（包括多态性位点数、同一位点的平均等位基因数及遗传多样性）低于二倍体亚群，并且发现种群间的遗传分化与 3 个地点的地理间隔无相关性。Lu 和 Williams（1994）利用同工酶标记对美国加利福尼亚州南部 5 个不同地点的褐藻异株长角藻（*Halidrys dioica*）种群的遗传结构进行了检测，结果发现，种群内的遗传多样性水平较高，而种群间的遗传分化水平很低，但在地理分隔达到 90 km 的种群之间出现高度的分化，与根据其生活史特征做出的预测相一致。Sosa 等（1998）利用 22 个同工酶标记对 3 个石花菜种群的遗传多样性和遗传分化进行了重新评估，对二倍体亚群的基因频率的分析证实两种石花菜扩散范围限制在很短的距离之内，同时数据分析显示，两种石花菜在配对系统和遗传分化模式上存在显著差异，无性繁殖普遍存在于 *G. arbuscula* 种群，而不存在于 *G. canariensis* 种群中，前者种群间的遗传分化是后者的 2 倍，这与以前的研究结果相反。Johansson 等（2003）研究了波罗的海和北海的刚毛藻（*Cladophora rupestris*）种群的遗传分化，利用 13 种同工酶标记，从 11 个不同的海区中采集了 328 个样本加以分析，检测出超氧化物歧化酶（superoxide dismutase，SOD）位点存在多态性，聚类分析将所有样本划分成两大类群：波罗的海群和北海群。

同工酶标记的研究表明藻类群体的遗传变异有其自身的特点。藻类中同工酶编码基因的位点较高等植物要低，在所研究的同工酶中，约 50% 的同工酶均由单一的基因位点编码，仅有少数由 4 个以上的等位基因位点编码。并且，一般来说藻类中同工酶的多态性较高等植物要低。另外，研究者发现由于多数海藻在生活史中存在无性繁殖，使得一个种群内许多个体保持遗传的同一性（van Oppen et al.，1995），这将降低藻类种群内的遗传多样性，同时，使得藻类群体间的遗传分化变高（Peason and Murray，1997）。

1.5.3 DNA 分子标记及其在藻类种群遗传研究中的应用

20 世纪 80 年代以来，DNA 分子标记技术快速发展，相继建立了限制性片段长度多态性（restriction fragment length polymorphism，RFLP）、扩增片段长度多态性（amplified fragment length polymorphism，AFLP）、随机扩增多态性 DNA（RAPD）、简单序列重复（single sequence repeat，SSR）、以微卫星 DNA（microsatellite DNA）为基础发展的 ISSR（inter-simple sequence repeat）、单核苷酸多态性（single nucleotide polymorphism，SNP）等专门的技术，其基本原

理和特点见表 1.1。

表 1.1　主要 DNA 分子标记的原理与特点

Table 1.1　Principles and characters of molecular markers applied

标记名称	RFLP	RAPD	AFLP	SSR	ISSR	SNP
创立者及时间	Grodzicker et al.，1974	Welsh and McClelland 1990；Williams et al.，1990	Zebeau and Vos，1993	Talltz and Weber，1989；Litt et al.，1989	Zietkiewicz，1994	Gupta et al.，2001
主要原理	限制性酶切及 Southern 杂交	随机 PCR 扩增	限制性酶切结合 PCR 扩增	PCR 扩增	随机 PCR 扩增	测序比较单个核苷酸差异
探针或引物来源	特定序列 DNA 探针	9～10 bp 随机引物	由核心序列、酶切位点及选择性碱基组成的特定引物	特异引物	以 2～4 个核苷酸为重复单元的简单序列	无
检测基因组区域	单、低拷贝区	整个基因组	整个基因组	重复序列	重复序列间隔的单拷贝区	整个基因组
基因组中丰富度	中等	很高	高	高	高	很高
多态性水平	中等	较高	很高	高	高	很高
遗传特性	共显性	显性/共显性	共显性/显性	共显性	显性/共显性	共显性
DNA 质量要求	高	中	高	高	高	高
需否序列信息	否	否	否	需	否	需
放射性同位素	通常用	不用	通常用	不用	不用	不用
开发成本	高	低	高	高	低	高

　　分子标记技术应用于藻类学研究较晚，主要用于藻类的分类、系统进化和发育、种质鉴定、基因连锁分析和定位及辅助育种等领域。分子标记技术也已成为研究藻类物种或种群遗传变异的重要工具，其应用使遗传多样性研究深入到种群内个体间的分子水平上，可以通过寻找多态性位点，用以揭示藻类种群间或个体间的遗传变异或评估种间的亲缘关系。

1.5.3.1 个体鉴定和无性繁殖种群的遗传机制研究

种群遗传研究的核心是种群，而种群的特征、结构和动态过程又是由种群中的个体所体现的（Parker et al.，1998）。因此，对海藻种群遗传开展研究的一个前提是能够可靠地确定构成种群的基本单位——个体。尤其对无性生殖普遍存在的海藻来说，由于采样单位和遗传上的独立个体间容易混淆，个体鉴定的可靠性成为关键，否则将很难准确地掌握种群的大小、结构和动态。

Candia 等（1999）利用 ITS-RFLP 对来自智利不同地点及新西兰不同地点的 6 个江蓠种群进行了分析，结果表明来自智利的 4 个种群均属于智利江蓠（*Gracilaria chilensis*），来自新西兰惠灵顿的种群也属于该种，而另一个种群则不属于该种。Wright 等（2000）利用 RAPD 标记对潮间带栉齿藻 [*Delisea pulchra*（Rhodophyta）] 种群进行研究，结果显示，种群中没有单倍体的存在，种群通过二倍体的无性繁殖得以繁衍，与此相应的 19 个 RAPD 表型具有多个个体，证实无性繁殖的存在。Schaeffer 等（2002）成功地利用 AFLP 标记对石叶藻 [*Lithophyllum margaritae*（Rhodophyta）] 的两种形态差异较大的种群进行了种群间及种群内的分析，发现两种不同种群间的遗传分化较大，而种群内部的遗传相似度很高，表明两种形态的种群之间的基因流动水平很低，并推测与其无性繁殖方式的存在有关。Batley 和 Hayes（2003）利用引物单核苷酸延伸法（single nucleotide primer extension，SnuPE）对 500 个节球藻属（*Nodularia*）丝状体在 3 个基因：rDNA 的 ITS、藻胆体蛋白质的基因间隔区 PC-IGS 及编码气囊主要结构蛋白的 *gupA* 基因处的 SNP 进行了检测，研究结果显示 97% 的个体在 3 个基因区域的 SNP 标记表现为同一基因型，证实高水平无性繁殖的存在。

1.5.3.2 种群遗传结构及其影响因素研究

种群遗传结构就是遗传变异或者说基因和基因型在时间和空间上的分布样式（葛颂，1997），是一个物种最基本的特征之一。它受突变、基因流、选择和遗传漂变的共同作用，同时还和物种的进化历史和生物学特性有关。例如，植物类群的分类地位、生活习性、交配系统、配子扩散机制、分布地区和演替阶段对种群遗传结构都有显著的影响，且其中的交配系统、分布范围和生活型对其影响较大（Hamrick and Godt，1990）。

已有多种 DNA 分子标记被应用于海藻种群遗传结构研究，主要集中在种群内和种群间遗传多样性的分析，以及地理距离对于居群遗传结构影响的检测。

Rice 和 Bird（1990）对欧洲及世界其他地区的江蓠（*G. verrucosa*）和一个相似种，以及一个作为外群的不同种暗江蓠（*G. sordida*）共 11 个种群进行了质体 DNA 的 RFLP 分析，发现没有两个种群的 RFLP 图谱是完全一致的，表明地理隔离造成了同一个种的不同种群之间的遗传分化。而 Coyer 等（1997）对美国加利福尼亚州沿岸相隔距离小于 1 m、10 m、25 m、16 km 和 250 km 的褐藻掌状囊沟藻（*Postelsia palmaeformis*）的 5 个种群进行了以 M13 为印迹探针的基因组 RFLP 分析，发现居群内的遗传相似性非常高，而且相隔小于 1 m 的居群间的相似度高于相隔 25 m 以上的居群间的相似度；同时，还发现相隔 25 m 居群间的相似度与相隔 250 km 的居群间的相似度一致。这样的结果从一定程度上说明 RFLP 分析比较适合于较小地理间隔（<25 m）范围内居群的遗传变异分析。

RAPD 标记技术在藻类的种群遗传变异分析中应用最为广泛。Yeh（2000）对台湾蕨藻属（*Caulerpa*）的种群用 RAPD 标记进行了分析，研究表明种间及种内的遗传变异差别不显著，且种群间的遗传变异和地理距离之间没有相关性。Bouza 等（2006）研究了来自加那利群岛的红藻（*Gelidium canariense*）天然种群的群体遗传结构，通过 60 个多态的 RAPD 标记对 190 个配子体的遗传多样性加以分析，结果显示，68.85%的遗传分化来自于种群内部，表明有性生殖是其配子体群体的主要繁殖方式；各石花菜种群之间存在高度的遗传分化（F_{ST}＝0.311，P<0.001），并且与种群之间的地理间隔呈正相关；岛屿间种群基因流动的方向为从东到西。

RAPD 标记技术也在海藻中用于分析环境突发状况、人为干扰或时间等外界因素对种群遗传结构的影响。Martinez 和 Cardenas（2003）用 RAPD 标记对智利潮间带 600 km 的昆布（*Lessonia nigrescens*）的遗传恢复进行了研究，发现 20 年前遭受厄尔尼诺效应后大面积死亡的昆布种群的遗传多样性远远低于其他地区的种群。这一结果说明，海藻自然种群的遗传多样性一旦遭受毁灭性的破坏，将很难恢复。Faugeron 等（2004）对智利南部海岸杉藻（*Gigartina skottsbergii*）种群的遗传结构进行了研究，利用 17 个 RAPD 标记对周边 2 个种群及中部的 4 个原始种群总共 113 个单倍体个体进行了遗传多样性评估，结果显示，过度的采集使其周边种群的遗传多样性明显低于中部的原始种群，并且周边种群间的遗传分化程度明显较高（F_{ST}＝0.35）。Shankle（2004）研究了来自美国 Scripps Pier 的原甲藻（*Prorocentrum micans*）种群遗传结构的时间变化模式，利用 27 个多态的 RAPD 标记对来自不同时期的 12 个水样的 166 个隔离群的遗传多样性进行了评估，结果显示，>92%的遗传分化来自于水样之内；大约 40% 的隔离群具有相同的遗传模式，构成种群下的亚群，而其余的隔离群遗传多样性较高，且随取样时间的不同而改变，显示出其对外界环境条件的快速响应或者遗传空间片断化的普遍存在。

van Oppen 等（1996）详细分析和总结了 RAPD 标记在生物地理种群研究中的应用，指出由于技术本身及重复性的原因，RAPD 标记技术比较适合于大距离范围（如几百或几千千米）内的生物种群遗传多样性的分析。一些相关的研究也支持这一观点。例如，Coyer 等（1997）对海带种群的研究中，RAPD 标记可以很好地区分间隔 16～250 km 的种群之间的遗传变异，但无法区分间隔 1～25 km 的种群的变异。Faugeron 等（2001）对智利不同空间范围内马泽藻（*Mazzaella laminarioides*）的配子体的遗传分化的研究，其结果也说明 RAPD 适合于较大地理间隔的种群遗传结构的分析和评估。

Donaldson 等（1998）首次将 AFLP 技术用于皱波角叉菜（*Chondrus crispus*）的分析，从 25 对引物组合中筛选出了 6 对用于进一步分析，从居群间和居群内得到了一批保守或多变的标记，并获得了一些个体特有的标记，证明 AFLP 标记可以应用于藻类的居群遗传研究。后来，对 AFLP 在居群遗传结构方面的适用性进行了进一步评估，发现 DNA 模板的质量对其重复性有较大影响（Donaldson et al.，2000）。Coyer 等（2003）利用 7 个微卫星标记对冰川期后来自北欧 21 个地点的齿缘墨角藻（*Fucus serratus*）种群的恢复和遗传分化进行了研究。Engel 等（2004）利用微卫星标记对细江蓠（*G. gracilis*）的配对系统和基因流动进行了研究，阐明了其单倍体-二倍体的生活史特征和潮间带的岩石地貌对其小范围居群遗传结构的影响。Guillemin 等（2005）在养殖海藻智利江蓠中开发获得了微卫星标记。Coleman 和 Brawley（2005）利用 5 个微卫星标记分析了来自美国 4 个不同地点的螺旋墨角藻（*F. spiralis*）群的遗传多样性和遗传结构，结果表明种群之间的遗传分化和地理距离之间没有相关性。

Zietkiewicz 等（1994）在 SSR 标记的基础上开发的一种新的分子标记 ISSR，已在高等植物研究中得到了广泛应用，近年来逐渐有应用于藻类的报道。Vis（1999）利用 ISSR 技术对来自美国宾夕法尼亚州 Powdermill 河的红藻博雷串珠藻（*Batrachospermum boryanum*）进行了种群内的遗传多样性分析，结果发现，每个配子体的综合带型都不完全相同，个体之间的相似百分比为41%～82%，说明 ISSR 标记可以用于区分居群内的单个配子体。构建的邻接树（NJ-tree）并没有表现出从上游到下游的居群结构的分布，说明居群间存在高水平的基因流动和分散。Hall 和 Vis（2002）也利用 ISSR 分子标记对美国东北部俄亥俄州 15 条河流的上游、中游、下游区段的扁圆串珠藻 [*B. helminthosum*（Rhodophyta）] 进行了种群的遗传变异分析，每个区段平均包含 15 个样本。结果显示，种群间的遗传变异与地理间隔没有相关性，表明该藻存在长距离的扩散。并且发现，同一条河流的 3 个区段之间的遗传变异程度（21%）远低于区段之内的遗传变异（79%）。

1.5.4 种群遗传研究的意义及其在马尾藻研究中的应用现状

由于任何物种都是以种群（population，又称居群、群体）方式存在于自然界，并在时间上连绵不断，构成进化的基本单位，因而进化就是种群间基因库的改变（Grant，1991）。以种群为单位，在基因水平上探讨遗传变异的频率，以及突变、选择、迁移、遗传漂变引发的基因频率的变化及其规律，从而揭示种群的遗传结构，并探讨其变化规律和演变规律，这些都属于种群遗传学的研究范畴，其中对植物种群遗传结构及其影响因子的研究是种群遗传学中的重要课题，是了解其种群生物学的第一步，同时，是探讨植物的适应性、物种形成过程及其进化机制的基础，也是保护生物学的核心（Brown，1978；Falk and Holsinger，1991）。另外，农林、水产和园艺作物的遗传改良中对野生资源的可持续开发同样离不开对其种群遗传结构的了解和把握（葛颂和洪德元，1994；葛颂，1997）。

关于马尾藻属种群遗传多样性及种群结构的研究报道不多，这可能与马尾藻分类的复杂性、种群材料收集的难度较大，以及某些分子标记技术在其中的应用受到限制有关。目前，采用分子标记技术进行该方面的研究只见到一例报道，有待进一步深入研究。Engelen 等（2001）利用 RAPD 标记研究了风向、海湾、深度等物理因素对 Curacao 岛潮间带及潮下带的马尾藻种群的遗传多样性及遗传结构的影响，结果显示，不同海湾间的种群遗传多样性有差别，但种群之间并未完全隔离，Mantel 相关性检验表明在岛的两侧因地理距离大小而引起的遗传分化均显著，尤其上风向的一面，遗传分化更为显著。

1.6　马尾藻的经济和环保价值

马尾藻是一类具有重要经济价值的海藻，其很多种类已用于藻胶生产、活性物质提取、食物和饲料开发等方面，而且马尾藻的某些种类可在低潮间带或者浅潮下带区域形成茂密的藻场，尤其是在亚热带和热带海区，常常成为优势群落，作为鱼类、贝类或者其他生物产卵、孵化和摄食的场所，对维持海岸带生态系统的结构和功能有重要的生态价值。

1.6.1　工业原料

马尾藻属的种类多用作制造褐藻胶的工业原料。铜藻褐藻胶提取较容易，胶质的颜色较浅，是我国东南沿海发展褐藻胶工业的一种较好的原料，过去多作为制造肥料的原料。鼠尾藻被用作制造氯化钾的原料，并作为制造褐藻胶的配合原料，而且用以提取甘露醇、碘等化工原料（韩晓弟和李岚萍，2005）。羊栖菜含有丰富的褐藻酸、甘露醇、粗蛋白质，以及碘、钾等成分，因此是海藻工业的优良原料（王素娟，1994）。海黍子过去被用作肥料，现也成为制造褐藻胶的原料之一。

1.6.2　食用价值

羊栖菜是一种食用海藻，为高蛋白、低脂肪、高碳水化合物，并含有丰富的矿物质，其食用方法灵活多样，且有明显的食疗作用。Chen 等（2005）通过高效毛细管电泳（high performance capillary electrophoresis，HPCE）方法从羊栖菜中分离出了多种氨基酸。陶平和贺凤伟（2001）对大连沿海的海蒿子的营养组成进行了分析，结果显示其营养均衡齐全，是高蛋白、低脂肪、低热量食品，并富含矿物质，以及人体必需的微量元素、氨基酸和脂肪酸。

1.6.3 医用和药用

从马尾藻中可以提取获得一系列生物活性物质，其水提取物的动物实验结果表明，其具有明显的调血脂、改善血管内皮细胞功能，以及抗自由基损伤的功效（季宇彬等，1998；李八方等，1999）。

羊栖菜是一种药用海藻，是我国入药年代最为久远的种类之一，其主要的功能成分是褐藻多糖，对甲状腺肿、高血压和大肠癌有功效。另外，Mao 等（2004）发现羊栖菜多糖能够显著降低实验小鼠体内的胆固醇、甘油三酯和低密度脂蛋白的含量，具有降血脂的作用。Huang 等（2006）研究发现羊栖菜多糖提取物可以用于中国对虾（*Fenneropenaeus chinensis*）弧菌病的抵制，并且可作为免疫刺激剂激活其自身的免疫系统。

近年来，关于鼠尾藻不同提取物的生物活性及医用药用价值方面的研究报道较多。张尔贤等（1994）发现鼠尾藻醇提取物（ST_1、ST_2、ST_3）具有体外抑制人食管癌细胞株（EC_{105}）的生理活性，后来，采用化学发光分析法研究发现鼠尾藻多糖具有清除氧自由基的活性（张尔贤等，1995）。1997 年，研究远紫外线（UVc）照射对鼠尾藻和铜藻多糖清除自由基作用的影响，发现 UVc 照射后，其清除超氧阴离子的水平明显下降，但却显著抑制氧自由基对不饱和脂肪酸的氧化作用。Park 等（2005）从鼠尾藻中提取获得了水溶性抗氧化物质，并对其自由基清除能力进行了分析，发现用蛋白酶 Alcalase 制备的提取物具有最高的自由基清除能力。魏玉西等（2006）研究了鼠尾藻多糖的制备方法，并且发现其具有较强的抗凝血作用，且其抗凝血作用与其相对分子质量有关。林超等（2006）采用平板生长抑制法对鼠尾藻中多酚化合物的抑菌活性进行了研究，发现在一定浓度范围内试样对除大肠杆菌外的受试菌均有较明显的抑菌活性，抑菌活性的大小与多酚浓度和分子质量密切相关。

另外，师然新和徐祖洪（1997）发现包括海蒿子、鼠尾藻和山东马尾藻（*S. shandongense*）在内的 9 种海藻的类脂及酚类具有抗菌活性。于广利等（2000）利用自由基引发的氧化体系对青岛近海的 24 种海藻进行筛选，发现海蒿子提取物对不饱和脂质具有较强的抗氧化活性，而脂质的过氧化与心脏病、癌症、炎症及衰老有关。徐石海等（2002）从广西北海的匍枝马尾藻（*S. polycystcum*）分离得到 3 种化合物，其中一种为新化合物，这为新药的开发提供了依据。从亨氏马尾藻（*S. henslowianum*）中提取的活性物质可以维持植物细胞的内源自由基清除能力，减轻水稻干旱幼苗的自由基伤害和膜质过氧化作用，减轻细胞膜的损伤程度，从而提高其抗旱性（汤学军等，2004）。刘秋英等（2003）通过热水浸提法提取匍枝马尾藻和铜藻的两种海藻多糖，并研究其体外抗肿瘤作用，结果显示两种多糖都具有明显的抗肿瘤效果。Iwashima 等（2005）研究了来自微刺马尾藻（*S. micracanthum*）的质体醌及由其转化的一种新型色烯衍生物的抗氧化和抗肿瘤活性。

1.6.4　环保价值

当前，对虾、鱼类等密集型海水养殖产业在全世界快速发展，因其具有单种性、地区分布相对集中等特点，养殖产生的大量的富营养物质直接排放入海，导致近海和浅海的生态环境恶化。某些种类的海藻可在其分布区域形成藻场，作为鱼类、贝类或者其他海洋生物产卵、孵化和发育的场所，有的海藻还可直接作为食物来源，或者通过吸附有毒物质及富营养物来净化生存环境。因此人们尝试将海藻引入养殖系统，与动物混养，从而减轻生态环境压力，维持生态系统的稳定性和可持续性（Chopin，2001）。

马尾藻的一些种类已尝试开发作为动物养殖的饲料，尤其鼠尾藻，已经成为海参和皱纹盘鲍人工养殖中普遍选用的优质饲料。例如，在稚参前期和保苗后期，往往适当添加鼠尾藻磨碎叶混合投喂。同时，马尾藻具有较高的营养吸收能力，可作为生物过滤器，用以缓解海水养殖导致的富营养化问题。Liu 等（2004）研究发现马尾藻 *S. enerve* 优先利用培养基质中的 NH_4^+，对氮的吸收率较高。因而，马尾藻在复合养殖中具有较大的开发潜力。

另外，马尾藻对多种重金属离子都具有吸附作用，可用于净化水质。常秀莲等（2003）采用海黍子作生物吸附剂，研究其对水中镉离子（Cd^{2+}）的吸附作用，发现海黍子中的 Ca^{2+} 可与废水中的 Cd^{2+} 发生离子交换作用，取得了较好的吸附效果。Rubin 等（2005）发现海黍子可以作为生物吸附器去除水溶液中的亚甲基蓝（methylene blue）。Kalyani 等（2004）证实天然存在的马尾藻和经酸处理的马尾藻均可以作为生物吸附剂从水介质中吸附 Ni 离子。Padilha 等（2005）证实马尾藻可以作为生物吸附器，从半导体工厂排放液模拟溶液中回收 Cu^{2+}，在污水处理中有利用价值。Diniz 和 Volesky（2005）研究了匍枝马尾藻对于 La、Eu 和 Yb 离子的生物吸收，发现其对不同离子的吸附能力存在差异（Eu＞La＞Yb）。而且，由于马尾藻分布较广，开发成本较低，并具较薄的叶片结构增大了其吸附表面积，这些特点决定了其作为生物吸附器有很好的应用前景。

总之，马尾藻不仅在复合养殖中具有潜在的开发价值，而且可作为一种天然的生物过滤器，用于污水处理和水质改良。

1.7 研究目的与意义

本研究运用两种分子标记方法 RAPD 和 ISSR 对山东半岛 4 个不同地理位置的鼠尾藻种群和海蒿子种群的遗传多样性和遗传结构进行检测和评估，估计和判断各种群间的隔离、基因流动水平及其影响因素，并且监测山东半岛地区马尾藻种群的长期生存及持续进化能力，为了解其种群生态及数量性状的动态变化和维持海洋生物多样性提供理论依据。

2 鼠尾藻种群遗传多样性的生态分异

鼠尾藻［*Sargassum thunbergii*（Mert.）O. Kuntze］，隶属于褐藻门无孢子纲墨角藻目马尾藻科马尾藻属，因幼体形似鼠尾而得名。鼠尾藻是一类具有重要经济价值的海藻，广泛用于藻胶生产、活性物质提取、食物和饲料开发等方面，而且鼠尾藻为潮间带的优势藻种之一，特别是在中、低潮区的岩石上，往往大片生长，形成茂密的藻场，作为鱼类、贝类或者其他生物产卵、孵化和摄食的场所，对维持海岸带生态系统的结构和功能有重要的价值。目前，针对其的相关研究主要集中在种质鉴定、分子系统学、生态学（群落间的互作、环境因子影响及生长繁殖的季节变化）和人工养殖技术开发等方面，对于山东半岛鼠尾藻天然种群资源的生态遗传研究相对匮乏。近年来，在对其开发和尝试人工养殖过程中的大规模人工采挖，造成了严重的资源破坏，亟须对其野生群体的遗传多样性及遗传结构加以跟踪监测和保护。

在此背景下，本章运用 RAPD 和 ISSR 两种分子标记技术，对采自山东半岛 4 个不同地理位置的鼠尾藻种群进行了遗传多样性和生态遗传结构的研究，从而对其种群间的地理隔离、基因流动水平及其影响因素做出估计和判断，以期为山东半岛鼠尾藻种群遗传评价及海洋资源修复等提供参考，也为该区鼠尾藻自然资源的保护、种质选育和可持续开发提供理论依据。

2.1 材料和方法

2.1.1 材料

鼠尾藻种群材料采自山东半岛沿海的 4 个不同地点，分别是八大关、桑沟湾、小石岛和大钦岛，分属山东省的青岛、荣成、威海和烟台 4 个地市（表 2.1）。采样时间集中在 2005 年 5 月和 6 月。在每一个取样地点采取 21 个不同的鼠尾藻样本，分别编号为群体 1～4，取样个体间的距离间隔大于 1 m，同时，在烟台采集了一个包括 22 个样本（间隔大于 5 m）的羊栖菜种群作为外种群（群体 5）。取得的海藻材料被保存在 −40℃ 的冰箱以备后续的 DNA 提取。

表 2.1 本实验中所用鼠尾藻种群的采样信息
Table 2.1 Sample details of *S.thunbergii* populations detected in the study

群体编号	种群名称	采样地点	采样时间	样品数量
1	鼠尾藻	山东青岛八大关 N 36°3′, E 120°22′	2005-05-08	21
2	鼠尾藻	山东荣成桑沟湾 N 37°9′, E 122°33′	2005-06-20	21
3	鼠尾藻	山东威海小石岛 N 37°32′, E 122°01′	2005-06-26	21
4	鼠尾藻	山东烟台大钦岛 N 38°19′, E 120°49′	2005-06-06	21
5	羊栖菜	山东烟台大钦岛 N 38°19′, E 120°49′	2005-06-06	22

2.1.2 主要试剂和仪器

无水乙醇；β-巯基乙醇；氯仿；溴化乙锭；琼脂糖。

PCR 10×buffer，*Taq* DNA 聚合酶，dNTP，购自 Promega 公司（上海）；双蒸无菌水（RNase-Free）购自上海生工；琼脂糖由 Spanish 生产分装；植物基因组 DNA 提取试剂盒，购自天根生化科技（北京）有限公司。DNA marker：λDNA/*Hind*III，购自上海生工；DL2000，购自大连 TaKaRa 公司。

电泳缓冲液：pH 8.5 的 50×TAE 储存液，用时稀释至 1×。

上样缓冲液（loading buffer）：0.25%溴酚蓝，0.25%二甲苯青 FF，40%（*m/V*）蔗糖水溶液。

Mastercycler gradient PCR 仪，Bio Photometer DNA 定量仪，台式冷冻离心机（Eppendorf）；TaKaRa PCR Thermal Cycler（TaKaRa）；电泳仪，凝胶电泳槽（大连捷迈科贸有限公司）；凝胶成像系统（Bio-Rad）；高压灭菌锅（上海医用核子仪器厂）；恒温水浴锅（长风仪器仪表公司）；电子分析天平（梅特勒-托利多仪器有限公司）；Millipore 纯水系统（Millipore）。

2.1.3 DNA 提取

鼠尾藻基因组 DNA 提取采取 CTAB（十六烷基三甲基溴化铵）法，选用植物基因组 DNA 提取试剂盒进行 DNA 提取。

1）植物基因组 DNA 提取试剂盒

本试剂盒包含试剂组和吸附柱两部分，其组成参见表 2.2。

表 2.2　植物基因组 DNA 提取试剂盒组成

Table 2.2　Components of plant genomic DNA extraction kit

试剂盒组成	保存条件	数量（200 次）
缓冲液 GP1	室温	2×80 mL
缓冲液 GP2	室温	2×80 mL
去蛋白液 GD*	室温	72 mL
漂洗液 GW*	室温	4×35 mL
洗脱缓冲液 TE	室温	75 mL
吸附柱 CB	室温	200 个

*使用前需加入适量无水乙醇，加入量见瓶上标签

2）提取步骤

（1）从冰冻的每一个鼠尾藻个体样品中取 3～10 个小叶，用毛刷擦去表面的泥沙或附生的杂藻，而后用超纯水冲洗 2～4 次至完全洗净，晾干表面水分。

（2）取约 100 mg 叶片材料放入研钵中，加入液氮充分研磨。

（3）在研钵中加入 700 μL 的 65℃预热的缓冲液 GP1（试验前在预热的 GP1 中加入巯基乙醇，使其终浓度为 1‰），继续研磨成匀浆，转入离心管中并放置 65℃ 水浴 40 min，在水浴过程中颠倒离心管以混合样品数次。

（4）加入 700 μL 氯仿，充分混匀，12 000 r/min 离心 5 min。

（5）将上一步所得上层水相转入一个新的离心管中，加入 700 μL 缓冲液 GP2，充分混匀。

（6）将混匀的液体转入吸附柱 CB 中，12 000 r/min 离心 30 s，弃掉废液（先加 700 μL 离心，弃废液，再加入剩余的溶液，再次离心）。

（7）在吸附柱中加入 500 μL 去蛋白液 GD，12 000 r/min 离心 30 s，弃掉收集管中的废液。

（8）在吸附柱中加入 700 μL 漂洗液 GW，12 000 r/min 离心 30 s，弃废液。

（9）在吸附柱中加入 500 μL 漂洗液 GW，12 000 r/min 离心 30 s，弃废液。

（10）将吸附柱 CB 放回收集管中，12 000 r/min 离心 2 min，去除漂洗液。

（11）取出吸附柱，放入一个干净的离心管中，加入 100 μL 洗脱缓冲液 TE（在 65℃水浴中预热），室温放置 3 min，12 000 r/min 离心 2 min。

（12）离心得到的溶液再加入离心吸附柱中，室温放置 2 min，12 000 r/min 离心 2 min。

3）基因组 DNA 纯度和浓度测定

（1）电泳检测。取 10 μL 的模板 DNA 再加入 2 μL 的上样缓冲液，在 0.8%琼脂糖凝胶中进行电泳检测。电泳电压为 6～8 V，30～40 min 后将胶取出，在溴化

乙锭（EB，0.5 μg/mL）中染色后，置于凝胶成像系统中观察并照相。所得 DNA 条带与标准 DNA marker（λDNA/*Hind*III）加以对比，用以推算 DNA 片段的大小。

（2）DNA 定量仪检测。从获得的 DNA 溶液中取 5 μL 稀释 12 倍后，使用 Bio Photometer DNA 定量仪对 DNA 的纯度进行检测，在 260 nm 及 280 nm 光吸收值的比例作为核酸纯度的指标。当光吸收值为 1 时，相当于大约 50 μg/mL 的双链 DNA。记录所得的 $OD_{260\,nm}/OD_{280\,nm}$ 值和双链 DNA 浓度。

2.1.4 RAPD 和 ISSR 扩增

参考褐藻相关研究的文献，选取了 300 条 RAPD（10 碱基）随机引物和 50 条 ISSR 引物，在上海生工合成。以提取的鼠尾藻基因组 DNA 样品为模板进行引物的筛选，共获得 28 条 RAPD 引物和 19 条 ISSR 引物（表 2.3），其扩增条带清晰，重复性好，扩增位点较多，用于下一步的分析。

表 2.3　用于鼠尾藻种群遗传结构分析的 RAPD 和 ISSR 引物及其序列

Table 2.3　Primers for RAPD and ISSR analyses of genetic structure in *S.thunbergii* populations

引物名称	序列（5'→3'）	引物名称	序列（5'→3'）*
RAPD-S7	GGTGACGCAG	RAPD-S2025	GGGCCGAACA
RAPD-S17	AGGGAACGAG	RAPD-S2029	AGGCCGGTCA
RAPD-S22	TGCCGAGCTG	RAPD-S2031	TGCGGGTTCC
RAPD-S39	CAAACGTCGG	RAPD-S2034	GTGGGACCTG
RAPD-S45	TGAGCGGACA	RAPD-S2036	TCGGCACCGT
RAPD-S58	GAGAGCCAAC	RAPD-S2039	TTGCGGACAG
RAPD-S60	ACCCGGTCAC	RAPD-S2110	GTGACCAGAG
RAPD-S102	TCGGACGTGA	RAPD-S2114	CCGCGTTGAG
RAPD-S118	GAATCGGCCA	RAPD-S2118	AGCCAAGGAC
RAPD-S201	GGGCCACTCA	ISSR-807	$(AG)_8T$
RAPD-S205	GGGTTTGGCA	ISSR-808	$(AG)_8C$
RAPD-S208	AACGGCGACA	ISSR-810	$(GA)_8T$
RAPD-S1010	GGGATGACCA	ISSR-811	$(GA)_8C$
RAPD-S1025	GTCGTAGCGG	ISSR-823	$(TC)_8C$
RAPD-S1027	ACGAGCATGG	ISSR-828	$(TG)_8A$
RAPD-S1028	AAGCCCCCCA	ISSR-834	$(AG)_8YT$
RAPD-S1213	GGGTCGGCTT	ISSR-835	$(AG)_8YC$
RAPD-S1518	GTGGGCATAC	ISSR-840	$(GA)_8YT$
RAPD-S1520	TGCGCTCCTC	ISSR-844	$(CT)_8RC$

引物名称	序列（5'→3'）	引物名称	序列（5'→3'）*
ISSR-848	（CA）$_8$RG	ISSR-873	（GACA）$_4$
ISSR-849	（GT）$_8$YA	ISSR-880	GGA（GAG）$_2$AGGAG
ISSR-851	（GT）$_8$YG	ISSR-889	BHBG（AG）$_6$A
ISSR-855	（AC）$_8$YT	ISSR-890	（GGAGA）$_3$
ISSR-859	（TG）$_8$RC		

*B=G/C/T；H=A/C/T；R=A/G；Y=C/T

RAPD 扩增：PCR 反应在 20 μL 的反应体系中完成，包含 1 μL 的模板 DNA，0.25 μmol/L 引物，200 μmol/L dATP、dGTP、dCTP 和 dTTP（Promega），2.0 mmol/L Mg^{2+}，1 倍的上样缓冲液（Promega）和 1.0 U Taq DNA 聚合酶（Promega）。PCR 反应通过 Mastercycler gradient PCR 仪（Eppendorf）完成。反应循环参数为 94℃变性 5 min；45 个循环（94℃变性 1 min，37℃退火 1 min，72℃延伸 2 min）；最后 72 ℃延伸 10 min。

ISSR 扩增：PCR 反应总体积为 20 μL，反应体系中包含 1 μL 的模板 DNA，1.25 μmol/L 引物，200 μmol/L dNTP（Promega），1.5 mmol/L Mg^{2+}，1 倍的上样缓冲液（Promega）和 1.0 U Taq DNA 聚合酶（Promega）。PCR 反应通过 TaKaRa PCR Thermal Cycler（TaKaRa）完成。反应循环参数为 94℃变性 5 min；40 个循环（94℃变性 30 s，52℃退火 45 s，72℃延伸 2 min）；最后 72℃延伸 10 min。

取 12 μL 的 PCR 产物加 2.0 μL 的上样缓冲液，通过浓度为 1.5%的琼脂糖凝胶分离（含溴化乙锭 0.5 μg/mL），以电压 80 V 电泳 1~2 h，然后在凝胶成像系统（Bio-Rad）中观察拍照。采用 DL2000（TaKaRa）作为分子质量标记。

2.1.5　数据分析

电泳图谱中每一条带的迁移位置记为一个位点，RAPD 和 ISSR 分析中所揭示的位点被当作表型来估计基因型的信息。各个位点扩增产生的 DNA 多态性片段标记为二进制的 1（出现）和 0（缺失）。在进行条带的统计分析时，排除那些模糊不清或者无法准确标记的电泳条带，仅仅选择清晰易于辨认且具有较好重复性的条带，而后得到的 0/1 数据矩阵用于后续的分析。

利用分析软件 POPGENE 1.31（Yeh et al.，1997）进行如下的计算来评估种群内部的遗传多样性：①多态位点比率 [P（%）]，采用 99%的标准；②平均预期杂合度（H），假定 Hardy-Weinberg 平衡；③Shannon's 遗传多样性指数（I）。

分子变异分析（analysis of molecular variance，AMOVA）用于分析马尾藻属群体的遗传多样性和遗传结构分化。AMOVA 将每一个 RAPD 和 ISSR 扩增图谱作为一个单倍型，从中获得一个欧氏距离（Euclidian distance）矩阵用于进一步的分析。鼠尾藻种群内和种群间的遗传变异通过群体遗传分析软件 ARLEQUIN 3.01（Excoffier et al., 2005）进行分析，得到总体的固定化指数（F_{ST}）值，并对各变异组分和 F_{ST} 值进行显著性检验（排列程序 1 000 重复）。同时，计算马尾藻属群体之间的配对 F_{ST} 值，获得一个 F_{ST} 距离矩阵，其中羊栖菜群体作为外群。

利用软件 TFPGA 1.3 软件包（Miller，1997），计算出各个马尾藻属群体配对之间 Nei's（1978）遗传距离（D），并且依据遗传距离矩阵数据，通过非加权配对算术平均法（UPGMA）进行聚类分析得到一个系统表征图。聚类分析中，羊栖菜群体仍然作为外群，并通过靴带检验计算出各个节点的靴带值（bootstrap value）来评估聚类的强度（重排 1 000 次）。

用 TFPGA 中的 Mantel 检验程序（Mantel，1967）对两种类型的遗传距离矩阵，即 D 和 F_{ST} 矩阵的相关性进行检测。同样，RAPD 和 ISSR 分析获得的同类型矩阵之间也进行 Mantel 相关性分析。为了检测种群之间的变异和分化是否与种群之间的地理隔离呈积极相关，对 4 个鼠尾藻群体间的两种类型的遗传距离矩阵与其间的地理距离矩阵分别进行了 Mantel 相关性检验。

2.2 结　果

2.2.1 DNA 提取

利用试剂盒法分别提取获得了来自 4 个鼠尾藻种群 84 个样本和一个羊栖菜种群 22 个样本的基因组 DNA。图 2.1 为来自青岛的鼠尾藻种群中提取获得的 1～10 个 DNA 样品的电泳图谱，每一样品在电泳时均形成明显的一条主带，与分子质量标准对照，大小约为 23 kb。DNA 定量仪测定所得的 DNA 溶液 $OD_{260\,nm}/OD_{280\,nm}$ 值为 1.6～1.8，所得 DNA 样品的浓度大小为 20 ng/μL 左右。

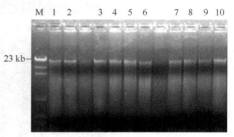

图 2.1　从青岛鼠尾藻种群中提取的基因组 DNA 电泳图谱

1～10. 样品编号；M. DNA marker

Figure 2.1　Electrophoresis patterns of genomic DNA extracted from *S. thunbergii* population of Qingdao

1-10. sample ID; M. DNA marker

2.2.2 RAPD 扩增

筛选获得的 28 条随机引物自 5 个马尾藻属群体（4 个鼠尾藻种群，1 个羊栖菜种群）中，共扩增出 174 个位点，各个引物的扩增位点数为 4～8 个，平均每条扩增 6.2 个位点，条带大小为 400～2 000 bp。

　　图 2.2 为引物 RAPD-S1028 在 4 个鼠尾藻种群和 1 个羊栖菜外群中的扩增图谱。为分析鼠尾藻种群内部和种群之间的遗传变异，首先将 RAPD 扩增图谱中电泳条带的有无，转化为 0/1 矩阵，表 2.4 为引物 RAPD-S1028 扩增位点的 0/1 矩阵。根据所有 174 个扩增位点的 0/1 矩阵，进行相关的遗传多样性评估和分析。

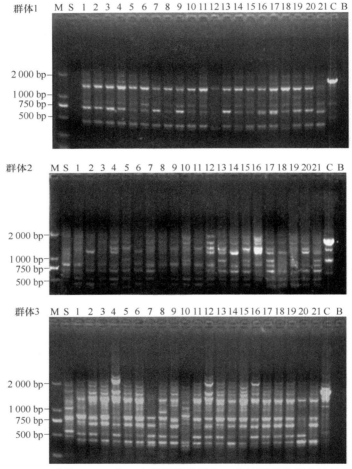

图 2.2　RAPD 引物 S1028 在 4 个鼠尾藻种群和一个羊栖菜外群中的扩增图谱

M．DNA marker（DL2000）；S．羊栖菜；1～21 或

22．群体样本；C．角叉菜（阳性对照）；B．空白对照

Figure 2.2　Electrophoresis patterns of RAPD for four *S.thunbergii* populations and one

S. fusiforme outgroup with primer S1028

M. DNA marker (DL2000); S. *S. fusiforme*; 1-21or

22. population samples; C. *C. crispus*(positive control); B.control

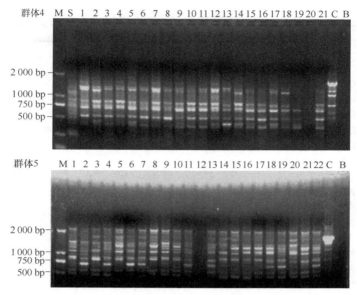

图 2.2 RAPD 引物 S1028 在 4 个鼠尾藻种群和一个羊栖菜外群中的扩增图谱（续）

M. DNA marker（DL2000）；S. 羊栖菜；1~21 或

22. 群体样本；C. 角叉菜（阳性对照）；B. 空白对照

Figure 2.2 Electrophoresis patterns of RAPD for four *S.thunbergii* populations and one

S. fusiforme outgroup with primer S1028 (continued)

M. DNA marker (DL2000); S. *S. fusiforme*; 1-21or

22. population samples; C. *C. crispus*(positive control); B.control

表 2.4 鼠尾藻种群 RAPD 引物 S1028 扩增位点的 0/1 矩阵

Table 2.4 Matrix based on the RAPD results of S1028 in *S. thunbergii* populations

群体编号	样本名称	位点/bp						
		2 000	1 400	1 100	850	750	500	400
群体 1								
	QS1	0	1	0	1	1	1	0
	QS2	0	1	0	1	1	1	0
	QS3	0	1	0	1	1	1	0
	QS4	0	1	0	1	1	1	0
	QS5	0	1	0	0	0	1	0
	QS6	0	1	0	1	1	1	0
	QS7	0	1	0	0	1	1	0
	QS8	0	1	0	1	0	1	0
	QS9	0	1	0	1	1	1	0
	QS10	0	1	0	1	0	1	0
	QS11	0	1	0	1	0	1	0
	QS12	0	1	0	?	0	1	0
	QS13	0	1	0	1	1	1	0
	QS14	0	1	0	1	1	1	0
	QS15	0	1	0	1	1	1	0

群体编号	样本名称	位点/bp						
		2 000	1 400	1 100	850	750	500	400
群体 1								
	QS16	0	1	0	1	1	1	0
	QS17	0	1	0	1	1	1	0
	QS18	0	1	0	1	1	1	0
	QS19	0	1	0	1	1	1	0
	QS20	0	1	0	1	1	1	0
	QS21	0	?	0	1	1	1	0
群体 2								
	RS1	0	0	0	1	1	1	0
	RS2	0	1	0	1	1	1	0
	RS3	0	0	0	1	1	1	0
	RS4	0	1	0	1	1	1	0
	RS5	0	0	0	1	1	1	0
	RS6	0	1	0	1	1	1	0
	RS7	0	0	0	1	1	1	0
	RS8	0	0	0	1	0	1	0
	RS9	0	1	0	1	0	1	0
	RS10	0	0	0	1	0	1	0
	RS11	0	1	0	1	0	1	0
	RS12	0	0	0	1	1	1	0
	RS13	0	1	0	1	1	1	0
	RS14	0	0	0	1	1	1	0
	RS15	0	1	0	1	1	1	0
	RS16	0	1	0	1	0	1	0
	RS17	0	1	0	1	1	1	0
	RS18	0	0	0	1	1	1	0
	RS19	0	0	0	1	1	1	0
	RS20	0	1	0	1	1	1	0
	RS21	0	0	0	1	1	1	0
群体 3								
	WS1	0	1	0	1	1	1	1
	WS2	0	1	0	1	1	1	1
	WS3	0	1	0	1	1	1	1
	WS4	0	1	0	0	1	1	1
	WS5	0	1	0	1	1	1	1
	WS6	0	1	0	1	1	1	1
	WS7	0	?	0	1	1	1	1
	WS8	0	1	0	1	1	1	1
	WS9	0	1	0	1	1	1	1
	WS10	0	0	0	1	0	0	1
	WS11	0	1	0	1	1	1	1
	WS12	0	1	0	1	1	1	1
	WS13	0	1	0	1	1	1	1

群体编号	样本名称	位点/bp						
		2 000	1 400	1 100	850	750	500	400
群体 3								
	WS14	0	1	0	1	1	0	1
	WS15	0	1	0	1	1	0	1
	WS16	0	1	0	1	1	1	1
	WS17	0	1	0	1	1	1	1
	WS18	0	1	0	1	1	1	1
	WS19	0	1	0	1	1	1	1
	WS20	0	1	0	0	0	1	1
	WS21	0	1	0	1	1	0	1
群体 4								
	YS1	0	1	0	1	1	1	0
	YS2	0	1	0	1	1	1	1
	YS3	0	1	0	1	1	1	0
	YS4	0	1	0	1	1	1	0
	YS5	0	1	0	1	1	1	1
	YS6	0	1	0	1	1	1	0
	YS7	0	1	0	1	1	1	0
	YS8	0	1	0	1	1	1	0
	YS9	0	1	0	1	1	1	1
	YS10	0	1	0	1	1	1	0
	YS11	0	1	0	1	1	1	0
	YS12	0	1	0	1	1	1	1
	YS13	0	1	0	1	1	1	1
	YS14	0	1	0	1	1	1	1
	YS15	0	1	0	1	1	1	1
	YS16	0	1	0	1	1	1	0
	YS17	0	1	0	1	1	1	1
	YS18	0	1	0	1	1	1	0
	YS19	0	1	0	0	1	1	1
	YS20	?	?	?	?	?	?	?
	YS21	0	0	0	1	1	1	1
群体 5								
	YY1	1	1	1	1	0	0	0
	YY2	1	1	1	1	1	0	0
	YY3	1	1	1	1	0	0	0
	YY4	1	1	0	1	1	0	0
	YY5	1	1	1	1	0	0	0
	YY6	1	1	1	1	1	0	0
	YY7	1	1	1	1	1	0	0
	YY8	1	1	1	1	0	0	0
	YY9	1	1	1	1	0	0	0
	YY10	1	1	1	1	0	0	0
	YY11	1	1	1	1	1	0	0

群体编号	样本名称	位点/bp						
		2 000	1 400	1 100	850	750	500	400
群体 5								
	YY12	?	?	?	?	?	?	?
	YY13	1	1	1	1	1	0	0
	YY14	1	1	1	1	0	0	0
	YY15	1	1	1	1	0	0	0
	YY16	1	1	1	1	0	0	0
	YY17	1	1	1	1	0	0	0
	YY18	1	1	1	1	1	0	0
	YY19	1	1	1	1	1	0	0
	YY20	1	1	1	1	0	0	0
	YY21	1	1	1	1	0	0	0
	YY22	1	1	1	1	1	0	0

"？"为扩增失败条带

"?" means bands failed to be amplified

P、H 和 I 用于鼠尾藻种群内部遗传多样性的评估（表 2.5）。其中来自威海的鼠尾藻种群（群体 3）显示出最高的遗传多样性水平（$P=54.0\%$，$H=0.215\ 3$，$I=0.313\ 8$）；而来自青岛的鼠尾藻群体（群体 1）展示了最低的遗传多样性水平（$P=27.6\%$，$H=0.109\ 4$，$I=0.160\ 2$）。显然，P、H 和 I 反映出的相似的鼠尾藻种群内部遗传多样性的变化趋势。综合来自 4 个鼠尾藻种群的 174 个位点加以分析得出，其中的 140 个为多态性位点，占总位点数的 80.5%；由 H 和 I 展示的总的平均遗传多样性分别为 0.272 9 和 0.411 8。

表 2.5 通过 RAPD 和 ISSR 分析得到的鼠尾藻种群内的遗传多样性参数

Table 2.5 Genetic diversities within *S. thunbergii* populations with RAPD and ISSR analyses

群体编号	RAPD			ISSR		
	P（位点数）	H	I	P（位点数）	H	I
1	27.6%（48）	0.109 4	0.160 2	32.0%（40）	0.123 3	0.181 3
2	40.2%（70）	0.160 8	0.234 5	32.0%（40）	0.120 3	0.177 4
3	54.0%（94）	0.215 3	0.313 8	57.6%（72）	0.234 3	0.340 7
4	37.4%（65）	0.155 1	0.225 3	33.6%（53）	0.135 7	0.196 8
总计	80.5%（140）	0.272 9	0.411 8	77.6%（97）	0.290 3	0.428 2

2.2.3 ISSR 扩增

通过对 50 条随机引物的筛选，获得了 19 条扩增位点较多、电泳条带清晰且具重复性的 ISSR 引物，将其用于马尾藻种群遗传多样性的分析；19 条引物在 5 个马尾藻属种群（4 个鼠尾藻种群，1 个羊栖菜外种群）中共扩增产生了 125 个位点，其中 97 个（77.6%）是多态性位点（表 2.5）。各引物的扩增位点数为 5～

11 个（平均每条引物 6.6 个），条带大小为 400～2 000 bp。图 2.3 为 ISSR-873 在 4 个鼠尾藻种群和 1 个羊栖菜外种群中的 PCR 扩增图谱。

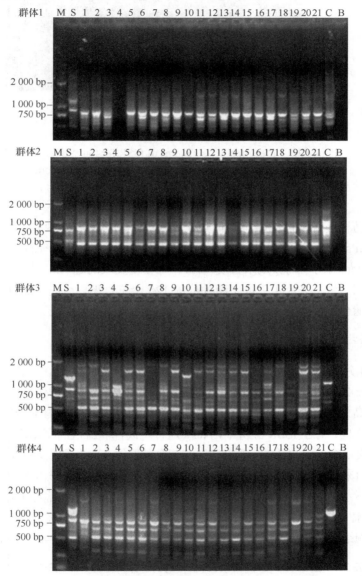

图 2.3 ISSR 引物 873 在 4 个鼠尾藻种群和 1 个羊栖菜外群中的扩增图谱

M. DNA marker（DL2000）；S. 羊栖菜；1～21 或 22. 群体样本；

C. 角叉菜（阳性对照）；B. 空白对照

Figure 2.3 Electrophoresis patterns of ISSR for four *S. thunbergii* populations and one *S. fusiforme* outgroup with primer 873

M. DNA marker (DL2000); S. *S. fusiforme*;

1-21or 22. population samples; C. *C. crispus* (positive control); B. control

群体5　　M 1 2 3 4 5 6 7 8 9 10 11 12 13 14 15 16 17 18 19 20 21 22 C B

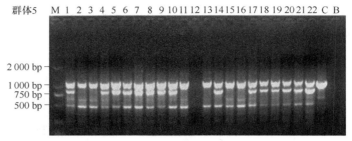

图 2.3　ISSR 引物 873 在 4 个鼠尾藻种群和一个羊栖菜外种群中的扩增图谱（续）

M. DNA marker（DL2000）；S. 羊栖菜；1～21 或 22. 群体样本；

C. 角叉菜（阳性对照）；B. 空白对照

Figure 2.3　Electrophoresis patterns of ISSR for four *S. thunbergii*

populations and one *S. fusiforme* outgroup with primer 873 (continued)

M. DNA marker (DL2000); S. *S. fusiforme*;

1-21or 22. population samples; C. *C. crispus* (positive control); B. control

各个马尾藻种群内的多态性位点比率（P）变化范围为 32.0%～57.6%，相应的 Shannon's 遗传多样性指数（I）为 0.177 4～0.347 0。来自威海的鼠尾藻种群（群体 3）具有最高的平均预期杂合度（H）和 P，I 反映的趋势相同，也和 RAPD 分析的结果相一致。综合 4 个鼠尾藻种群的 125 个位点加以分析，由 H 和 I 表示的总的平均遗传多样性分别为 0.290 3 和 0.428 2（表 2.5）。

2.2.4　聚类分析

RAPD 分析中，马尾藻属群体之间的配对 Nei's 遗传距离（D）的范围为 0.142 9～0.641 9（表 2.6）。最低值出现在来自青岛（群体 1）和荣成（群体 2）的鼠尾藻种群之间；最高值出现在来自青岛的鼠尾藻种群（群体 1）和来自烟台的羊栖菜种群（群体 5）之间。而在 ISSR 分析中，Nei's 遗传距离，即 D 值的变化范围为 0.158 9～0.768 0（表 2.6）。来自威海（群体 3）和烟台（群体 4）的鼠尾藻种群之间的遗传距离最小；而来自烟台的鼠尾藻种群（群体 4）和羊栖菜种群（群体 5）之间的遗传距离最大。不考虑羊栖菜外种群，通过 RAPD 和 ISSR 分析均发现来自青岛（群体 1）和烟台（群体 4）的鼠尾藻群体间的遗传距离最大。Mantel 相关性检验发现，来自 RAPD 和 ISSR 分析的两个遗传距离矩阵具有高度而且显著的相关性（r＝0.971 5，P＝0.01 6）。

表 2.6　通过 RAPD 和 ISSR 分析得到的群体间配对 Nei's 遗传距离矩阵

Table 2.6　Nei's unbiased genetic distance matrices between pairs of populations with RAPD and ISSR analyses

群体编号	1	2	3	4	5
1		0.207 9	0.269 8	0.320 7	0.700 5
2	0.142 9		0.195 0	0.277 2	0.588 4
3	0.188 0	0.160 3		0.158 9	0.600 1

群体编号	1	2	3	4	5
4	0.240 0	0.224 1	0.210 7		0.768 0
5	0.641 9	0.579 7	0.588 8	0.611 7	

通过 RAPD 得到的（对角线以下）和 ISSR 得到的（对角线以上）Nei's 遗传距离矩阵

Nei's genetic distance matrices detected by RAPD (below diagonal) and ISSR (above diagonal)

通过 UPGMA 聚类分析方法，依据 RAPD 和 ISSR 分析得到的群体间的遗传距离（D）构建了系统表征图。在 RAPD 分析得到的树状图（图 2.4A）中，鼠尾藻群体 1（青岛）和群体 2（荣成）首先聚类在一起，然后，依次与鼠尾藻群体 3（威海）、群体 4（烟台）合并，最后与群体 5（羊栖菜外种群）聚类。来自于 ISSR 分析的树状图（图 2.4B）显示，4 个鼠尾藻种群首先聚类为两枝：群体 3（威海）和群体 4（烟台）合并，群体 1（青岛）和群体 2（荣成）合并；然后与群体 5（羊栖菜外种群）聚类在一起。对 UPGMA 树形图的各个分枝进行靴带检验发现，各节点的靴带值均较高：RAPD 树状图中变化范围为 71～100；ISSR 树状图中为 65～100。

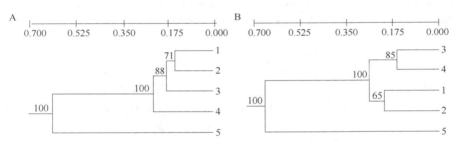

图 2.4　依据群体间配对遗传距离得到的 UPGMA 聚类表征图

A. 基于 RAPD 数据的聚类树；B. 基于 ISSR 数据的聚类树。靴带值为 1 000 次重复中所占百分比

Figure 2.4　UPGMA dendrograms using Nei's

unbiased genetic distance of populations

A. tree built using RAPD data; B. tree built using ISSR data. Bootstrap values are indicated as percentage of 1 000

replicates

另外，Mantel 相关性分析发现，遗传距离和地理距离之间呈现中等（RAPD 分析：$r=0.504\ 8$，$P=0.248$）或者高度（ISSR 分析：$r=0.905\ 2$，$P=0.087$）的相关性。

2.2.5　AMOVA 分析

除了依据群体间配对遗传距离 D 值外，群体间的遗传分化水平还通过计算各个群体间的配对 F_{ST} 值加以分析，得到的 F_{ST} 矩阵见表 2.7。分析发现，各个鼠尾藻群体和外群羊栖菜群体之间的 F_{ST} 值均明显高于其与其他鼠尾藻群体之间的 F_{ST} 值。不考虑外群羊栖菜群体，则 RAPD 分析获得的 F_{ST} 值变化范围为 0.474 5～

0.695 5；ISSR 分析中 F_{ST} 值变化范围为 0.467 7～0.700 4。F_{ST} 矩阵反映出和 D 矩阵中相类似的群体间的分化趋势。对 F_{ST} 矩阵和 D 矩阵进行 Mantel 相关性分析，无论在 RAPD 还是 ISSR 分析中两种类型的矩阵均呈现高度的相关性，相关性系数 r 值分别为 0.931 0（$P=0.008$）和 0.931 3（$P=0.009$）。并且 RAPD 和 ISSR 分析分别得到的两个 F_{ST} 矩阵也表现出高度相关性（$r=0.873$ 7，$P=0.052$）。

表 2.7 通过 RAPD 和 ISSR 分析获得的群体间配对 F_{ST} 矩阵*

Table 2.7 Interpopulations pairwise F_{ST} matrices for populations with RAPD and ISSR analyses*

群体编号	1	2	3	4	5
1		0.612 9	0.562 9	0.700 4	0.842 8
2	0.489 7		0.524 1	0.680 6	0.828 0
3	0.584 0	0.474 5		0.467 7	0.776 2
4	0.695 5	0.601 5	0.597 5		0.854 5
5	0.839 6	0.773 5	0.767 5	0.797 4	

通过 RAPD 得到的（对角线下）和 ISSR 得到的（对角线上）配对 F_{ST} 矩阵。* $P<0.000$ 1

Pairwise F_{ST} matrices detected by RAPD (below diagonal) and ISSR (above diagonal). *$P<0.000$ 1

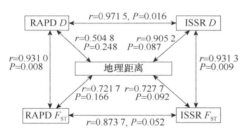

图 2.5 RAPD 和 ISSR 分析中获得的遗传距离矩阵（D，F_{ST}）和地理距离矩阵之间的相关性

Figure 2.5 Correlation among the D，F_{ST} matrices and geographical distance matrix

另外，Mantel 相关性检验表明，4 个鼠尾藻种群之间的 F_{ST} 矩阵和相应的地理距离矩阵之间呈现积极的相关性：RAPD 分析中，$r=0.721$ 7（$P=0.166$）；ISSR 分析中，$r=0.727$ 7（$P=0.092$）。各个矩阵之间的相关性如图 2.5 所示。

RAPD 数据的 AMOVA 分析结果显示，来自种群之间的遗传差异占总的遗传分化的 57.57%，其余的 42.43% 来自于种群之内的遗传差异。相似地，对 ISSR 数据的 AMOVA 分析发现，59.52% 的遗传分化可以归于种群之间的遗传差异，而种群之内的遗传分化占 40.48%。对种群间和种群内变异组分的显著性检验发现，差异极显著（$P<0.001$）（表 2.8）。

表 2.8 依据 RAPD 和 ISSR 数据的 AMOVA 分析

Table 2.8 AMOVA based on RAPD and ISSR data

	变异来源	自由度	平方和	方差分量	变异比例/%	F_{ST}
RAPD	群体间	3	663.417	10.173 37*	57.57	
	群体内	80	599.857	7.498 21*	42.43	0.575 7
	总计	83	1 263.274	17.671 58	1	

续表

	变异来源	自由度	平方和	方差分量	变异比例/%	F_{ST}
ISSR	群体间	3	699.310	10.751 99*	59.52	
	群体内	80	584.905	7.311 31*	40.48	0.595 2
	总计	83	1 284.214	18.063 30	1	

*$P<0.001$

2.3　讨　　论

　　无论依据 RAPD 数据还是 ISSR 数据，利用 P、H 和 I 三个不同的参数对种群内部多样性水平的评估显示出相似的结果，即各鼠尾藻种群具有较低或者中等水平的遗传多样性（表 2.5）。

　　由于 RAPD 和 ISSR 分子标记本身的显性特征，利用其数据计算等位基因频率理论上并不合适，因为此类计算仅适用于代表基因型而不适合代表表型信息的数据。但基于等位基因频率计算基础上的 H，即平均预期杂合度，仍然被实际应用于一些高等植物和海藻的群体遗传多样性的研究中，作为评估群体内部遗传多样性的重要参数（Faugeron et al.，2001；Xue，et al.，2004；Bouza et al.，2006）。

　　在对鼠尾藻种群的研究中，我们也选择了 H 作为一个指标来检测其种群内部的多样性水平，同时还选择了 I（Shannon's 遗传多样性指数）。I 建立在条带表型（条带的出现和缺失）的基础上，不需要假定 Hardy-Weinberg 平衡。显然，基于不同的假设计算出的三个参数 P、H 和 I，反映出相似的群体内部遗传多样性水平（表 2.5）。与此类似的结果在之前对其他植物种类进行的 ISSR 或 RAPD 分析中也有报道（Li and Xia，2005；Wei et al.，2005；Bouza et al.，2006）。

　　4 个鼠尾藻种群的平均 F_{ST} 值在 RAPD 分析中为 0.575 7，ISSR 分析中为 0.595 2（表 2.8），表明大多数的遗传变异（57.57%或 59.59%）来自于种群之间。依据 Wright（1978）的理论，群体间的 F_{ST} 值大于 0.15，则表示群体之间存在遗传结构上的高度分化，因此本研究中所得的鼠尾藻种群间的 F_{ST} 值>0.4，表明鼠尾藻种群之间存在高水平的遗传变异，同时反映出各种群之间的基因流动水平较低（Bohonak，1999）。

　　鼠尾藻种群间配对遗传距离 D 值（表 2.6）和 F_{ST} 值（表 2.7）结果均显示 4个鼠尾藻种群之间存在高水平的遗传分化，尽管两个参数基于不同的假设和计算方法来分析群体间的遗传分化。Nei's 遗传距离 D 是基于对等位基因频率的计算，需要假定 Hardy-Weinberg 平衡，而 AMOVA 分析中对 F_{ST} 值的计算，是在假定连锁平衡的前提下，将显性分子标记的图谱作为单倍型来加以分析。两种距离矩阵之间的高度且显著的相关性（RAPD 分析：$r=0.931\,0$，$P=0.008$；ISSR 分析：$r=0.931\,3$，$P=0.009$）证实了两种矩阵分析结果的一致性。

　　遗传分化的地理隔离模式的评断，通过对 4 个鼠尾藻群体之间的遗传距离（D 和 F_{ST}）和地理距离的相关性分析实现，结果表明两者之间呈现中度或高度的相关性（图 2.5）。例如，通过 ISSR 分析，得到的相关性系数分别为 0.905 2（来自 D）或 0.727 7（来自 F_{ST}）。这说明 4 个鼠尾藻种群之间的遗传分化符合 Wright 提出的 IBD（isolation by distance）模型，即群体之间的地理距离或者物理障碍造成的隔离越大，则群体之间的遗传分化水平越高。本研究中得到的群体间聚类图也反映出这一趋势（图 2.4），其中空间地理位置较近的鼠尾藻群体越容易聚类在一起，反之亦然。地理分隔较大的各个鼠尾藻种群之间的高度的遗传分化进一步证实，地理距离是影响遗传趋异的重要因素。

3   海黍子种群遗传多样性的生态分异

海黍子［*Sargassum muticum*（Yendo）Fensholt］，隶属于褐藻门无孢子纲墨角藻目马尾藻科马尾藻属，藻体暗褐色，高 50～100 cm，可达 2～3 m。海黍子是我国黄海、渤海沿岸比较习见的种类，多生长在低潮带石沼中以至大干潮线下 4 m 深处的岩石，是山东半岛地区低潮带分布的优势马尾藻藻种，可形成茂密的藻场，作为鱼类、贝类或者其他生物产卵、孵化和摄食的场所，有重要的生态价值。目前，针对其的相关研究主要集中在生态学相关领域，如群落间的互作、环境因子影响生理特性及其生长繁殖的季节变化等方面，但对于山东半岛海黍子天然种群资源的生态遗传研究相对匮乏。

本章以山东半岛 4 个不同地理位置的海黍子种群为研究对象，运用 RAPD 和 ISSR 两种分子标记技术，对其天然种群的遗传多样性和生态遗传结构加以研究，通过对其种群间的地理隔离、基因流动水平及其影响因素的评估和判断，为山东半岛地区海黍子自然资源的保护和可持续开发提供理论依据，同时，也对该区海黍子种群遗传多样性评价及海洋资源修复等提供参考。

3.1   材料和方法

3.1.1   材料

实验所用的海黍子种群材料采集自山东半岛沿海的 4 个地点，即八大关、桑沟湾、小石岛和大钦岛，分属青岛（群体 QD）、荣成（群体 RC）、威海（群体 WH）和烟台（群体 YT）（表 3.1）。采样时间集中在 2005 年 5 月和 6 月。在每一个取样地点，随机选取 21 个不同的海黍子个体，然后取其 2～3 个分枝作为样本，取样个体间的距离间隔至少 5 m。同样，以烟台采集到的包含 22 个样本（间隔大于 5 m）的羊栖菜种群作为外种群（群体 YY）。取得的海藻材料被保存在−40℃的冰箱以备后续的 DNA 提取。

表 3.1　本实验中所用海黍子种群的采样信息

Table 3.1　Sample details of *S. muticum* populations in the study

群体编号	种群名称	采样地点	采样时间	样品数量
QD	海黍子	山东青岛八大关 N 36°3′, E 120°22′	2005-05-08	21
RC	海黍子	山东荣成桑沟湾 N 37°9′, E 122°33′	2005-06-20	21
WH	海黍子	山东威海小石岛 N 37°32′, E 122°01′	2005-06-26	21
YT	海黍子	山东烟台大钦岛 N 38°19′, E 120°49′	2005-06-06	21
YY	羊栖菜	山东烟台大钦岛 N 38°19′, E 120°49′	2005-06-06	22

3.1.2　主要试剂和仪器

本实验所用试剂和仪器同 2.1.2。

3.1.3　DNA 提取

DNA 提取采用试剂盒法，选用天根生化科技（北京）有限公司的植物基因组 DNA 提取试剂盒完成。

取出冰冻的海黍子个体样品，剪下其中一部分小枝放入烧杯中流水冲洗后，用毛刷擦去表面的泥沙或附生的杂藻，剪取其上的 3～10 个叶片，用超纯水冲洗 2～4 次至完全洗净。晾干后取大约 100 mg 的叶片材料放入研钵中，加入液氮研磨至粉末。后续的操作步骤见 2.1.3。

获得的 DNA 样品在浓度为 0.8%的琼脂糖凝胶中进行电泳检测。电泳电压为 6～8 V，30～40 min 后取出，在溴化乙锭（EB，0.5 μg/mL）中染色后，置于凝胶成像系统（Bio-Rad）中观察并照相。DNA 条带与标准 DNA marker（λDNA/*Hind* III）对比，可以推断 DNA 片段的大小。用 Bio Photometer DNA 定量仪对 DNA 的纯度进行检测。在 260 nm 及 280 nm 光吸收值的比值可作为核酸纯度的指标。记录所得的 $OD_{260\,nm}/OD_{280\,nm}$ 值和双链 DNA 浓度。

3.1.4　RAPD 和 ISSR 扩增

以提取的海黍子基因组 DNA 样品为模板，对 300 条 RAPD（10 个碱基）随机引物和 50 条 ISSR 引物进行了筛选，根据其扩增条带的多态性、清晰度以及可重复性，最终筛选得到 24 条 RAPD 引物和 19 条 ISSR 引物（表 3.2），用于后续的种群 PCR 扩增。

表 3.2　用于海黍子种群遗传结构分析的 RAPD 和 ISSR 引物及其序列
Table 3.2　Primers for RAPD and ISSR analyses
of genetic structure in *S.muticum* populations

引物名称	序列（5′→3′）	引物名称	序列（5′→3′）*
RAPD-S7	GGTGACGCAG	RAPD-S2114	CCGCGTTGAG
RAPD-S17	AGGGAACGAG	RAPD-S2118	AGCCAAGGAC
RAPD-S22	TGCCGAGCTG	ISSR-807	$(AG)_8T$
RAPD-S45	TGAGCGGACA	ISSR-808	$(AG)_8C$
RAPD-S58	GAGAGCCAAC	ISSR-810	$(GA)_8T$
RAPD-S60	ACCCGGTCAC	ISSR-811	$(GA)_8C$
RAPD-S102	TCGGACGTGA	ISSR-823	$(TC)_8C$
RAPD-S118	GAATCGGCCA	ISSR-828	$(TG)_8A$
RAPD-S201	GGGCCACTCA	ISSR-834	$(AG)_8YT$
RAPD-S205	GGGTTTGGCA	ISSR-835	$(AG)_8YC$
RAPD-S208	AACGGCGACA	ISSR-840	$(GA)_8YT$
RAPD-S1025	GTCGTAGCGG	ISSR-844	$(CT)_8RC$
RAPD-S1027	ACGAGCATGG	ISSR-848	$(CA)_8RG$
RAPD-S1028	AAGCCCCCCA	ISSR-849	$(GT)_8YA$
RAPD-S1213	GGGTCGGCTT	ISSR-851	$(GT)_8YG$
RAPD-S1518	GTGGGCATAC	ISSR-855	$(AC)_8YT$
RAPD-S1520	TGCGCTCCTC	ISSR-859	$(TG)_8RC$
RAPD-S2029	AGGCCGGTCA	ISSR-873	$(GACA)_4$
RAPD-S2031	TGCGGGTTCC	ISSR-880	$GGA(GAG)_2AGGAG$
RAPD-S2034	GTGGGACCTG	ISSR-889	$BHBG(AG)_6A$
RAPD-S2036	TCGGCACCGT	ISSR-890	$(GGAGA)_3$
RAPD-S2110	GTGACCAGAG		

*B = G/C/T; H = A/C/T; R = A/G; Y = C/T

　　RAPD 扩增：PCR 反应在 20 μL 的反应体系中完成，包含 1.0 μL 的模板 DNA，0.25 μmol/L 引物，0.2 mmol/L dATP、dGTP、dCTP 和 dTTP，2.0 mmol/L Mg^{2+}，1×PCR 缓冲液和 1.0 U *Taq* DNA 聚合酶。具体的反应组分见表 3.3。PCR 反应通过 Mastercycler gradient PCR 仪（Eppendorf）完成。反应循环参数为 94℃变性 5 min；45 个循环（94℃变性 1 min，38℃退火 1 min，72℃延伸 2 min）；最后 72℃延伸 10 min。

表 3.3　RAPD 和 ISSR 扩增反应的组分

Table 3.3 Ingredients of RAPD and ISSR reaction mixture

组分	RAPD		ISSR	
	用量/μL	终浓度	用量/μL	终浓度
超纯水	14.3		14.7	
10×PCR 缓冲液	2.0	1×	2.0	1×
MgCl₂（25 mmol/L）	1.6	2.0 mmol/L	1.2	1.5 mmol/L
4 种 dNTP（10 mmol/L）	0.4	0.2 mmol/L	0.4	0.2 mmol/L
引物	0.5	0.25 μmol/L	0.5	1.25 μmol/L
Taq DNA 聚合酶 5 U/μL	0.2	1 U/20 μL	0.2	1 U/20 μL
模板 DNA	1.0	5～20 ng/20 μL	1.0	5～20 ng/20 μL
总体积	20.0		20.0	

ISSR 扩增：PCR 反应总体积为 20 μL。反应体系中包含 1.0 μL 的模板 DNA，1.25 μmol/L 引物，0.2 mmol/L dNTP，1.5 mmol/L Mg^{2+}，1×PCR 缓冲液和 1.0 U *Taq* DNA 聚合酶。具体的反应组分见表 3.3。PCR 反应利用 TaKaRa PCR Thermal Cycler（TaKaRa）完成。反应循环参数为 94℃变性 5 min；40 个循环（94℃变性 30 s，50℃退火 45 s，72℃延伸 2 min）；最后 72℃延伸 10 min。

PCR 产物通过含有溴化乙锭（EB）的浓度为 1.5%的琼脂糖凝胶分离，以电压 80 V 电泳 1～1.5 h，在凝胶成像系统（Bio-Rad）中观察拍照。采用 DL2000 作为分子质量标记。

3.1.5　数据分析

采用 2.1.5 的方法将电泳图谱转化为 0/1 数据矩阵用于后续的分析。

假定 Hardy-Weinberg 平衡，选用群体遗传分析软件 TFPGA 1.3（Miller，1997）完成了如下计算，用于种群遗传多样性的评估：①多态性位点比率 [*P*（%）]，采用 99%的标准；②平均预期杂合度（*H*）；③Nei's 非偏差遗传距离（*D*）（Nei，1978）；④并依据遗传距离矩阵数据，通过非加权配对算术平均法（UPGMA）进行聚类分析得到相应的系统表征图，其中羊栖菜种群被选为外群。为了评估聚类的强度，对聚类图中各个节点进行了靴带检验（重排 1 000 次）。

选用分析软件 POPGENE 1.31（Yeh et al.，1997），计算得到 Shannon's 遗传多样性指数（*I*），用于评估各个海黍子种群内部以及所有 4 个海黍子种群内部的遗传多样性水平。

分子变异分析（AMOVA）用于分析马尾藻属种群之间的遗传多样性和遗传结构分化，通过群体遗传分析软件 ARLEQUIN 3.01（Excoffier et al.，2005）实现。

AMOVA 将每一个 RAPD 和 ISSR 扩增图谱作为一个单倍型，从中计算获得一个
Euclidian 距离矩阵用于进一步的分析。对 4 个海黍子种群内和种群间的遗传变异的
统计分析，得到总体的 F_{ST} 值，并获得了各种群间的 F_{ST} 距离矩阵，同时对各变异
组分和 F_{ST} 值进行了显著性检验（重排 1 000 次），其中羊栖菜种群（群体 YY）仍
作为外群。

针对 RAPD 和 ISSR 分析获得的 D 和 F_{ST} 同类型矩阵之间用 TFPGA 软件包中
的 Mantel 检验程序进行相关性分析；同时，对同一标记获得的两种不同类型的遗
传距离矩阵，即 D 矩阵和 F_{ST} 矩阵的相关性进行检测。而且，对 4 个海黍子群体
之间的两种类型的遗传距离矩阵（D 矩阵和 F_{ST} 矩阵）与其间的地理距离（G）矩
阵分别进行了 Mantel 相关性检验，旨在检测海黍子种群之间的遗传变异和分化是
否与种群之间的地理隔离呈正相关。

3.2　结　　果

3.2.1　DNA 提取

利用试剂盒分别提取获得了 4 个海黍子
种群 84 个样本的基因组 DNA。图 3.1 为来
自威海的海黍子种群中提取获得的 1～6 个
DNA 样品的电泳图谱，每一样品在电泳时均
形成明显的一条主带，与分子质量标准对照，
大小约为 23 kb。DNA 定量仪测定所得的
DNA 溶液值为 1.6～1.9，所得 DNA 样品的
浓度为 20 ng/μL 左右。

3.2.2　RAPD 扩增

筛选获得的 24 条 RAPD 随机引物从 5
个马尾藻属种群（4 个海黍子种群，1 个羊
栖菜外群）中，共扩增得到 164 个位点，
其中的 124 个（占总位点数的 75.6%）为多

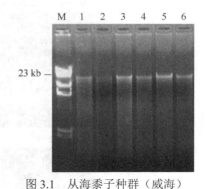

图 3.1　从海黍子种群（威海）
中提取的基因组 DNA 电泳图谱
M. DNA marker; 1～6. 样品编号
Figure 3.1　Electrophoresis patterns of
genomic DNA extracted from *S.muticum*
population of Weihai
M. DNA marker; 1-6. sample ID

态性位点。各个引物的扩增位点数为 4～9 个，平均每条扩增 6.8 个位点，条带大
小为 350～2 000 bp。图 3.2 为引物 RAPD-S118 在 4 个海黍子种群和 1 个羊栖菜外
群中的扩增图谱。

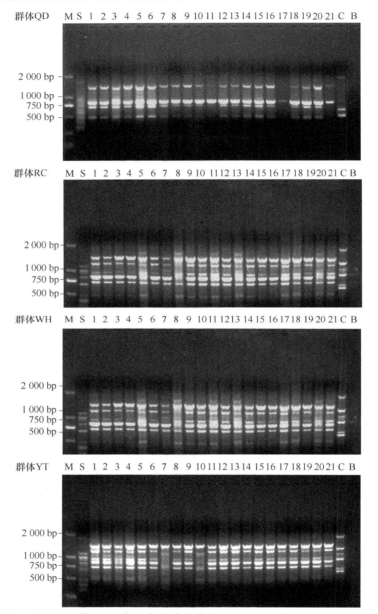

图 3.2　RAPD 引物 S118 在 4 个海蒿子种群和 1 个羊栖菜外群中的扩增图谱

M. DNA marker（DL2000）；S. 羊栖菜；

1～21 或 22. 群体样本；C. 角叉菜（阳性对照）；B. 空白对照

Figure3.2　Electrophoresis patterns of RAPD for four *S. muticum*

populations and one *S. fusiforme* outgroup with primer S118

M. DNA marker (DL2000); S. *S. fusiforme*;

1-21or 22. population samples; C. *C.crispus*(positive control); B. control

群体YY M 1 2 3 4 5 6 7 8 9 10 11 12 13 14 15 16 17 18 19 20 21 22 C B

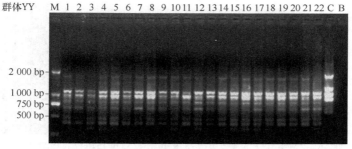

图 3.2 RAPD 引物 S118 在 4 个海黍子种群和一个羊栖菜外群中的扩增图谱（续）

M. DNA marker（DL2000）；S. 羊栖菜；

1～21 或 22. 群体样本；C. 角叉菜（阳性对照）；B. 空白对照

Figure3.2 Electrophoresis patterns of RAPD for four *S. muticum*
populations and one *S. fusiforme* outgroup with primer S118 (continued)

M. DNA marker (DL2000); S. *S. fusiforme*;

1-21or 22. population samples; C. *C. crispus*(positive control); B. control

各个海黍子种群的多态性位点比率（P）为 26.8%～47.6%，平均预期杂合度（H）大小范围为 0.105 8～0.186 9（表 3.4）。Shannon's 遗传多样性指数（I）的最小值存在于来自荣成的海黍子种群之内（群体 RC），P 和 H 的最小值也发现于此海黍子种群内部。由 H 和 I 反映的来自 4 个海黍子种群内部的总的平均遗传多样性分别为 0.250 2 和 0.379 4。P、H 和 I 反映出了相似的海黍子种群内部遗传多样性的变化趋势（表 3.4）。

表 3.4 通过 RAPD 和 ISSR 分析得到的海黍子种群内的遗传多样性参数

Table 3.4 Genetic diversities of *S. muticum* population with RAPD and ISSR analyses

群体编号	RAPD			ISSR		
	P（位点数）	H	I	P（位点数）	H	I
QD	43.3%（71）	0.167 6	0.247 3	40.2%（49）	0.146 0	0.216 1
RC	26.8%（44）	0.105 8	0.155 4	19.7%（24）	0.082 3	0.119 0
WH	47.6%（78）	0.186 9	0.275 5	31.2%（38）	0.128 5	0.186 2
YT	43.3%（71）	0.176 5	0.257 2	36.9%（45）	0.151 3	0.220 2
总计	75.6%（124）	0.250 2	0.379 4	61.5%（75）	0.220 3	0.329 3

3.2.3 ISSR 扩增

通过对 50 条随机引物的筛选，获得了 19 条扩增位点较多、条带清晰且具重复性的 ISSR 引物，将其用于马尾藻种群遗传多样性的分析。19 条 ISSR 引物在 5 个马尾藻属种群（4 个海黍子种群，1 个羊栖菜种群）中扩增产生了 122 个位点，条带大小为 300～2 000 bp；各个引物的扩增位点数为 5～8 个，平均每条扩增 6.4 个位点。图 3.3 为引物 ISSR-880 在 4 个海黍子种群和 1 个羊栖菜外群中的扩增图谱。

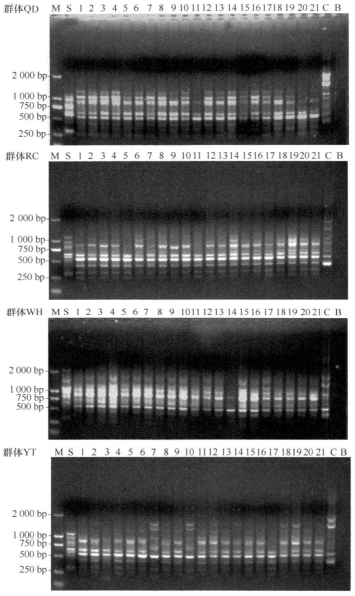

图 3.3　ISSR 引物 880 在 4 个海黍子种群和一个羊栖菜外群中的扩增图谱

M. DNA marker（DL2000）；S. 羊栖菜；

1～21 或 22. 群体样本；C. 角叉菜（阳性对照）；B. 空白对照

Figure 3.3　Electrophoresis patterns of ISSR for four *S. muticum*

populations and one *S. fusiforme* outgroup with primer 880

M. DNA marker(DL2000); S. *S. fusiforme*;

1-21or 22. population samples; C. *C. crispus*(positive control); B. control

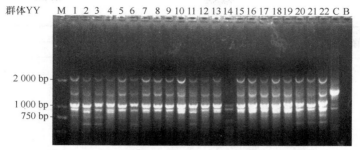

图 3.3　ISSR 引物 880 在 4 个海黍子种群和一个羊栖菜外群中的扩增图谱（续）

M．DNA marker（DL2000）；S．羊栖菜；

1～21 或 22．群体样本；C．角叉菜（阳性对照）；B．空白对照

Figure 3.3　Electrophoresis patterns of ISSR for four *S. muticum*

populations and one *S. fusiforme* outgroup with primer 880 (continued)

M. DNA marker(DL2000); S. *S. fusiforme*;

1-21or 22. population samples; C. *C. crispus*(positive control); B. control

　　为了分析海黍子种群内部和种群之间的遗传变异，首先将 ISSR 扩增图谱中电泳条带的有无，转化为 0/1 矩阵，表 3.5 为 ISSR 引物 880 扩增位点的 0/1 矩阵。根据所有 122 个扩增位点的 0/1 矩阵，进行相关的遗传多样性评估和分析。

表 3.5　海黍子种群 ISSR 引物 880 的扩增位点的 0/1 矩阵

Table 3.5　Matrix based on the ISSR results of 880 in *Sargassum* populations

种群样本	样本名称	位点/bp						
		2 000	1 400	1 200	1 000	900	700	600
群体 QD								
	QD1	0	0	1	1	1	1	1
	QD2	0	0	1	1	1	1	1
	QD3	0	0	1	1	1	1	1
	QD4	0	0	1	1	1	1	1
	QD5	0	0	1	1	1	1	1
	QD6	0	0	1	1	1	1	1
	QD7	0	0	1	1	1	1	1
	QD8	0	0	1	1	1	1	1
	QD9	0	0	1	0	1	1	1
	QD10	0	0	1	1	1	1	1
	QD11	0	0	0	0	1	1	1
	QD12	0	0	1	1	1	1	1
	QD13	0	0	1	1	1	1	1
	QD14	0	0	1	1	1	1	1
	QD15	0	0	1	1	1	1	1
	QD16	0	0	1	1	1	1	1
	QD17	0	0	1	1	1	1	1
	QD18	0	0	1	1	1	1	1
	QD19	0	0	1	1	1	1	1
	QD20	0	0	0	0	1	1	1

续表

种群样本	样本名称	位点/bp						
		2 000	1 400	1 200	1 000	900	700	600
群体 QD								
	QD21	0	0	1	0	1	1	1
群体 RC								
	RC1	0	0	0	0	1	1	1
	RC2	0	0	0	0	1	1	1
	RC3	0	0	0	0	1	1	1
	RC4	0	0	0	0	1	1	1
	RC5	0	0	0	0	0	1	1
	RC6	0	0	0	0	1	1	1
	RC7	0	0	0	0	1	1	1
	RC8	0	0	0	0	1	1	1
	RC9	0	0	0	0	1	1	1
	RC10	0	0	0	0	1	1	1
	RC11	0	0	0	0	0	1	1
	RC12	0	0	0	0	1	1	1
	RC13	0	0	0	0	1	1	1
	RC14	0	0	0	0	1	1	1
	RC15	0	0	0	0	1	1	1
	RC16	0	0	0	0	1	1	1
	RC17	0	0	0	0	1	1	1
	RC18	0	0	0	0	1	1	1
	RC19	0	0	0	0	1	1	1
	RC20	0	0	0	0	1	1	1
	RC21	0	0	0	0	1	1	1
群体 WH								
	WH1	0	0	0	1	1	1	1
	WH2	0	0	1	1	1	1	1
	WH3	0	0	1	1	1	1	1
	WH4	0	0	1	1	1	1	1
	WH5	0	0	0	1	1	0	1
	WH6	0	0	1	1	1	1	1
	WH7	0	0	1	1	1	1	1
	WH8	0	0	1	1	1	0	1
	WH9	0	0	1	1	1	1	1
	WH10	0	0	1	1	1	1	1
	WH11	0	0	0	1	1	0	1
	WH12	0	0	1	1	1	0	1
	WH13	0	0	1	1	1	0	1
	WH14	0	0	?	?	1	0	1
	WH15	0	0	1	1	1	0	1
	WH16	0	0	1	1	1	0	1
	WH17	0	0	1	1	1	0	1
	WH18	0	0	1	1	1	0	1
	WH19	0	0	0	1	1	0	1
	WH20	0	0	0	1	1	0	1

种群样本	样本名称	位点/bp						
		2 000	1 400	1 200	1 000	900	700	600
群体 WH								
	WH21	0	0	0	1	1	0	1
群体 YT								
	YT1	0	0	0	0	1	1	1
	YT2	0	0	0	0	1	1	1
	YT3	0	0	0	0	1	1	1
	YT4	0	0	0	0	1	1	1
	YT5	0	0	0	0	1	1	1
	YT6	0	0	0	0	1	1	1
	YT7	0	0	1	0	0	0	1
	YT8	0	0	0	0	1	1	1
	YT9	0	0	0	0	1	1	1
	YT10	0	0	1	0	0	0	1
	YT11	0	0	0	0	1	1	1
	YT12	0	0	0	0	1	1	1
	YT13	0	0	0	0	1	1	1
	YT14	0	0	0	0	1	1	1
	YT15	0	0	0	0	1	1	1
	YT16	0	0	0	0	1	1	1
	YT17	0	0	0	0	0	1	1
	YT18	0	0	1	0	1	1	1
	YT19	0	0	1	0	1	1	1
	YT20	0	0	0	0	1	1	1
	YT21	0	0	0	0	1	1	1
群体 YY								
	YY1	1	1	0	1	1	0	0
	YY2	1	1	0	1	1	0	0
	YY3	1	1	0	1	1	0	0
	YY4	1	1	0	1	1	0	0
	YY5	1	1	0	1	1	0	0
	YY6	1	1	0	1	1	0	0
	YY7	1	1	0	1	1	0	0
	YY8	1	1	0	1	1	0	0
	YY9	1	1	0	1	1	0	0
	YY10	1	1	0	1	1	0	0
	YY11	1	1	0	1	1	0	0
	YY12	1	1	0	1	1	0	0
	YY13	1	1	0	1	1	0	0
	YY14	?	?	0	1	1	0	0
	YY15	1	1	0	1	1	0	0
	YY16	1	1	0	1	1	0	0
	YY17	1	1	0	1	1	0	0
	YY18	1	1	0	1	1	0	0
	YY19	1	1	0	1	1	0	0
	YY20	1	1	0	1	1	0	0

续表

种群样本	样本名称	位点/bp						
		2 000	1 400	1 200	1 000	900	700	600
群体 YY								
	YY21	1	1	0	1	1	0	0
	YY22	1	1	0	1	1	0	0

"？" 为扩增失败条带

"?" means bands failed to be amplified

　　P、H 和 I 用于海黍子种群内部遗传多样性的评估（表 3.4）。对得到的数据加以分析发现，来自荣成的海黍子种群内部（群体 RC）的遗传多样性最低（$P=19.7\%$，$H=0.082\,3$，$I=0.119\,0$），这与 RAPD 分析揭示的结果相一致；来自青岛的海黍子种群（群体 QD）显示出最高的 P 值，H 和 I 的最高值存在于来自烟台的种群（群体 YT）内部。综合来自 4 个海黍子种群的 122 个位点加以分析得出，其中的 75 个为多态性的位点，占总位点数的 60.5%；由 H 和 I 表示的总的平均遗传多样性分别为 0.220 3 和 0.329 3（表 3.4），这与 RAPD 分析检测到的种群内部多样性水平相一致。

3.2.4　聚类分析

　　RAPD 分析中，马尾藻属群体之间的配对 Nei's 遗传距离（D）的范围为 0.128 8～0.739 8（表 3.6）。最低值出现在来自荣成（群体 RC）和烟台（群体 YT）的海黍子种群之间；最高值出现在来自青岛的海黍子种群（群体 QD）和来自烟台的羊栖菜种群（群体 YY）之间。而在 ISSR 分析中，Nei's 遗传距离，即 D 值的范围为 0.056 7～0.836 1。来自威海（群体 WH）和烟台（群体 YT）的海黍子种群之间的遗传距离最小；来自烟台的海黍子种群（群体 YT）和羊栖菜种群（群体 YY）之间的遗传距离最大。Mantel 相关性检验发现，来自 RAPD 和 ISSR 分析的两个遗传距离 D 矩阵之间存在高度而且显著的相关性（$r=0.976\,7$，$P=0.015$）。

表 3.6　通过 RAPD 和 ISSR 分析得到的群体间配对 Nei's 遗传距离矩阵

Table 3.6　Nei's unbiased genetic distance matrices between pairs of populations with RAPD and ISSR analyses

群体编号	QD	RC	WH	YT	YY
QD		0.258 1	0.192 0	0.239 0	0.799 0
RC	0.151 3		0.089 1	0.102 6	0.836 1
WH	0.172 7	0.139 3		0.056 7	0.758 6
YT	0.176 0	0.128 8	0.135 5		0.802 5
YY	0.568 1	0.739 8	0.673 9	0.734 0	

通过 RAPD 得到的（对角线以下）和 ISSR 得到的（对角线以上）Nei's 遗传距离矩阵

Nei's genetic distance matrices detected by RAPD (below diagonal) and ISSR (above diagonal)

　　利用 UPGMA 聚类分析方法，依据 RAPD 和 ISSR 分析得到的 D 矩阵数据，构建了系统表征图。由 RAPD 分析得到的树状图中（图 3.4A），海黍子群体 RC

（荣成）和群体 YT（烟台）首先聚类在一起，但对此结点的靴带检验发现其靴带值较低（44），然后依次与海黍子群体 WH（威海）、群体 QD（青岛）合并，最后与群体 YY（羊栖菜外群）聚类，各结点的靴带值较高，为 69～100。来自于 ISSR 分析的树状图（图 3.4B）显示，海黍子群体 WH（威海）和群体 YT（烟台）首先合并在一起，然后依次与海黍子群体 RC（荣成）、群体 QD（青岛）聚类，最后与群体 YY（羊栖菜外种群）聚类在一起，对各个分枝进行靴带检验发现，各个结点的靴带值均较高，为 94～100。另外，Mantel 相关性分析发现，遗传距离和地理距离之间呈现较高水平（RAPD 分析：$r=0.839\,6$，$P=0.085$）或者高度（ISSR 分析：$r=0.722\,4$，$P=0.170$）的相关性。

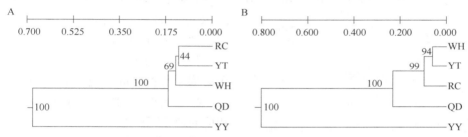

图 3.4 依据马尾藻属群体间配对遗传距离得到的 UPGMA 聚类表征图

A. 基于 RAPD 数据的聚类树；B. 基于 ISSR 数据的聚类树。

靴带值为 1 000 次重复中所占百分比

Figure 3.4 UPGMA dendrograms using Nei's

unbiased genetic distance of *Sargassum* populations

A. tree built using RAPD data; B. tree built using ISSR data.

Bootstrap values are indicated as percentage of 1 000 replicates

3.2.5 AMOVA 分析

对马尾藻属种群间的遗传分化水平的评估，除了依据各种群间配对遗传距离 D 值外，还通过计算各个种群间的配对 F_{ST} 值来实现，获得的 F_{ST} 矩阵见表 3.7。分析发现，各个海黍子种群和外种类群羊栖菜群体之间的 F_{ST} 值均明显高于各海黍子种群与其他海黍子群体之间的 F_{ST} 值。排除外群羊栖菜群体，则 RAPD 分析获得的海黍子种群间配对 F_{ST} 值变化范围为 0.505 1～0.630 4；ISSR 分析中配对 F_{ST} 值变化范围为 0.218 5～0.685 6。F_{ST} 矩阵反映出和 D 矩阵中相类似的群体间的分化趋势。

表 3.7 通过 RAPD 和 ISSR 分析获得的群体间配对 F_{ST} 矩阵

Table 3.7 Interpopulations pairwise F_{ST} matrices for *Sargassum* populations with RAPD and ISSR analyses[*]

群体编号	QD	RC	WH	YT	YY
QD		0.685 6	0.550 9	0.605 5	0.831 6
RC	0.604 5		0.464 1	0.463 5	0.889 8

续表

群体编号	QD	RC	WH	YT	YY
WH	0.606 6	0.538 0		0.218 5	0.850 1
YT	0.630 4	0.505 1	0.530 0		0.861 8
YY	0.858 9	0.879 4	0.853 4	0.863 6	

通过 RAPD 得到的（对角线下）和 ISSR 得到的（对角线上）配对 F_{ST} 矩阵。*$P<0.000\ 1$

Pairwise F_{ST} matrices detected by RAPD (below diagonal) and ISSR (above diagonal). *$P<0.000\ 1$

Mantel 相关性分析（图 3.5）表明，无论在 RAPD 还是 ISSR 分析中获得的两种类型的矩阵（F_{ST} 矩阵和 D 矩阵）均表现出高度且显著的相关性，相关性系数 r 值分别为 0.970 6（$P=0.009$）和 0.916 1（$P=0.009$）。而且，分别来自 RAPD 和 ISSR 分析的两个 F_{ST} 矩阵也具有高度的相关性（$r=0.908\ 6$，$P=0.022$）。

另外，为了检测地理隔离是否是各个海黍子种群之间的遗传分化的重要因素，对 4 个海黍子种群之间的 F_{ST} 矩阵和相应的地理距离矩阵进行了 Mantel 相关性检验，结果表明，两者呈现积极的相关性：RAPD 分析中，$r=0.750\ 9$（$P=0.166$）；ISSR 分析中，$r=0.649\ 9$（$P=0.165$）。各个矩阵之间的相关性如图 3.5 所示。

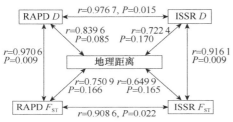

图 3.5　RAPD 和 ISSR 分析中获得的遗传距离矩阵（D，F_{ST}）和地理距离矩阵之间的相关性

Figure 3.5　Correlation among the D, F_{ST} matrices and geographical distance matrix

对 RAPD 数据的 AMOVA 分析结果显示，各个海黍子种群之间的遗传变异组分明显高于各海黍子种群内部，分别占总的遗传分化的 55.82% 和 44.18%。与此相似，依据 ISSR 数据的 AMOVA 分析发现，55.21% 的遗传分化归因于各海黍子种群之间的遗传差异，而来自各个海黍子种群之内的遗传差异占其余的 44.79%。对海黍子种群间和种群内变异组分的显著性检验表明，均具有极显著差异（$P<0.001$）（表 3.8）。

表 3.8　依据 RAPD 和 ISSR 数据的 AMOVA 分析

Table 3.8　Analysis of molecular variance（AMOVA）based on RAPD and ISSR data

	变异来源	自由度	平方和	方差分量	变异比例/%	F_{ST}
RAPD	群体间	3	509.262	7.789 930*	55.82	
	群体内	80	493.238	6.165 480*	44.18	0.558 2
	总计	83	1 002.500	13.955 400		
ISSR	群体间	3	415.940	6.356 650*	55.21	
	群体内	80	412.571	5.157 140*	44.79	0.552 1
	总计	83	828.512	11.513 79		

*$P<0.001$

3.3 讨　论

植物物种生活史的特征，尤其是其繁殖结构和方式的特征，常常可以用于推测植物群落内部的遗传多样性水平和遗传结构特征（Coleman and Brawley，2005）。一般来说，雌雄同体的植物种群具有如下遗传结构特点：种群内部的遗传多样性水平较低，而各种群之间的遗传分化程度较高（Loveless and Hamrick，1984）。本研究中，无论依据 RAPD 数据还是 ISSR 数据，3 个不同的参数（P、H 和 I）均显示出：各海黍子种群内部具有较低或者中等水平的遗传多样性（表 3.4），这与依据海黍子雌雄同体（雌雄同托，不同窝）的繁殖特征，及其多年生的生活特性所做出的推断相一致（Hamrick and Godt，1996）。

本研究中得到的海黍子种群内部的遗传多样性指 I（RAPD 分析中为 0.379 4，ISSR 分析中为 0.329 3）远远低于 Engelen 等（2001）利用 RAPD 标记方法在马尾藻 *S. polyceratium* 种群内部检测到的 H'_{pop}/H'_{sp} 值（相当于 I，0.631）。另外，除了海黍子自身的生活史特征外，种群内部的多样性水平较低还可能归因于种群取样规模较小，种群内部高水平的自交（通过 RAPD 和 ISSR 显性标记不能确定），或者海黍子利用其固着器实现了营养性的再生等因素（Fletcher，1975；Tsukidate，1984）。

通过对海黍子种群间配对遗传距离 D 值（表 3.6）和 F_{ST} 值（表 3.7）的计算，反映出 4 个海黍子种群之间存在高水平的遗传分化，尽管两个参数（D 和 F_{ST}）是基于不同的假设和计算方法来分析群体间的遗传分化。Mantel 相关性检验发现，两种类型的距离矩阵之间具有高度且显著的相关性（RAPD 分析：$r=0.970\,6$，$P=0.009$；ISSR 分析：$r=0.916\,1$，$P=0.009$），证明了两种矩阵分析结果的一致性。

通过对 D 矩阵和 F_{ST} 矩阵数据加以分析，发现羊栖菜外种群（群体 YY）和其他的海黍子群体之间的配对 D 和 F_{ST} 值明显高于各个海黍子群体之间的配对 D 和 F_{ST} 值，使其很容易地从 4 个海黍子种群中区分出来。这一点也可以通过基于遗传距离的 UPGMA 表征聚类图形象地展示出来，其中羊栖菜外种群（群体 YY）单独构成了一个独立的分枝，与其他的海黍子群体的距离较大，且其结点的靴带值为 100（图 3.4），表明选择羊栖菜作为外群是适当的。

4 个海黍子种群的平均 F_{ST} 值，通过 RAPD 分析得到的是 0.558 2，经 ISSR 分析为 0.552 1（表 3.8），表明大多数的遗传变异（55.82% 或 55.21%）来自于各个海黍子种群之间。依据 Wright（1978）的理论，群体间的 F_{ST} 值大于 0.15，则表示群体之间存在遗传结构上的高度分化，因而，本研究中计算得到的海黍子种群间的 F_{ST} 值，表明各个海黍子种群之间存在较高水平的遗传变异，同时反映出 4 个海黍子种群之间基因流动的水平较低。

为了揭示 4 个海黍子种群之间的遗传分化是否存在地理隔离模式，对各个海黍子群体之间的遗传距离（D 和 F_{ST}）和地理距离（G）的相关性进行了 Mantel 检验（图 3.5），结果显示两者之间呈现中度或高度的相关性。例如，通过 RAPD 分析，D 和 G 的相关性系数为 0.839 6；F_{ST} 和 G 的相关性系数为 0.750 9，这说明 4 个海黍子种群之间的遗传分化符合 Wright（1946）提出的 IBD 模型，即一般来说，群体之间的地理隔离越大，则群体之间的遗传分化水平越高。本研究中通过 UPGMA 得到的种群间表征聚类图也支持这一模型（图 3.4B），其中空间地理位置较近的海黍子群体越易于聚类在一起，反之亦然。

本研究中，存在较大地理隔离的 4 个海黍子种群之间的高度的遗传分化水平进一步说明，地理距离是影响遗传趋异的重要因素，遗传漂变可能是此过程中的主要的进化力量。然而，任何的遗传趋异都不可能仅仅是地理隔离造成的，在遗传距离和地理距离之间相关性的 Mantel 检验中缺乏显著性也说明这一点。其他的一些因素也会影响种群的遗传多样性和遗传结构特征，如生活史特征（Hamrick and Godt，1996）、种群布局（间断性的还是连续性的）、扩散的物理障碍（Engelen et al.，2001），以及影响其种群分布的一些环境因子（波浪、温度、盐分）等。

尽管 RAPD 和 ISSR 分析中获得的各个参数存在一些差别，但其反映的变化趋势都是完全一致的。Mantel 相关性检验中发现的显著的相关性更说明了这一点（图 3.5）。例如，分别来自 RAPD 和 ISSR 分析的 D 矩阵之间 $r=0.976\ 7$（$P=0.015$），F_{ST} 矩阵之间 $r=0.908\ 6$（$P=0.022$）。因此，结合当前的数据，作者认为，虽然在群体遗传分析的某些领域存在一定的局限性，RAPD 和 ISSR 分子标记被证明适用于种群遗传多样性水平和遗传结构的检测和评估，尤其是可应用于存在大尺度空间间隔的生物种群。

4 结 论

本研究通过 RAPD 和 ISSR 两种分子标记方法，对来自山东半岛不同地理位置的 4 个鼠尾藻（*S. thunbergii*）和 4 个海黍子（*S. muticum*）自然种群的遗传多样性和遗传结构进行了检测和评估。在对鼠尾藻种群的研究中，筛选得到了 28 条 RAPD 引物和 19 条 ISSR 引物，分别扩增产生 174 个和 125 个位点；在对海黍子种群的研究中筛选得到了 24 条 RAPD 引物和 19 条 ISSR 引物，分别扩增产生 164 个和 122 个位点。

通过三个不同的遗传多样性参数，即多态性位点比率（P）、平均预期杂合度（H）和 Shannon's 遗传多样性指数（I）对种群的遗传多样性水平加以检测。尽管各个参数的计算方法不同，但均显示各个鼠尾藻或海黍子种群内部的遗传多样性水平较低。

利用群体间配对遗传距离（D）矩阵和配对固定化指数（F_{ST}）矩阵揭示出各个马尾藻种群间存在高度的遗传分化。例如，4 个鼠尾藻种群中，大多数的遗传变异（57.57%或 59.52%）来自于种群之间，且种群间的 F_{ST} 值（＞0.4）表明鼠尾藻种群之间存在高水平的遗传变异，同时反映出各种群之间有限的基因流动水平。尽管两个参数基于不同的假设和计算方法来分析群体间的遗传分化，但两种距离矩阵之间呈现出高度且显著的相关性。例如，在鼠尾藻种群中，RAPD 分析：$r=0.931\,0$，$P=0.008$；ISSR 分析：$r=0.931\,3$，$P=0.009$，证实了两种矩阵分析结果的一致性和可靠性。AMOVA 分析也表明，种群之间的遗传变异高于种群内部。

遗传分化的地理隔离模式的评断，通过 Mantel 相关性分析遗传距离（D 和 F_{ST}）和地理距离（G）的相关性实现，显示种群间的遗传分化与地理距离呈中度或高度的相关性（$r>0.5$）。例如，4 个鼠尾藻种群，通过 ISSR 分析，得到的相关性系数分别为 0.905\,2（D）或 0.727\,7（F_{ST}）。这说明 4 个鼠尾藻种群之间的遗传分化遵循传统的 IBD 模式，各群体之间的地理距离或者物理障碍造成的隔离越大，则群体之间的遗传分化水平越高。UPGMA 聚类分析得到的表征图也反映出这个趋势，其中空间地理位置较近的鼠尾藻群体越容易聚类在一起，反之亦然。再次证明地理距离是影响种群遗传趋异的重要因素。

总之，RAPD 和 ISSR 分析的结果高度一致（$r>0.9$，$P<0.05$），均揭示出

同种马尾藻的不同自然种群之间存在较高的遗传分化结构。RAPD 和 ISSR 分子标记被证明适用于地理距离较大的生物种群的遗传多样性水平和遗传结构的检测和评估，尤其是 ISSR 分子标记，在本研究中获得了具有更高可信度的聚类表征图。从这个意义上说，ISSR 分子标记海藻种遗传研究中具有更好的应用和开发前景。

山东半岛四种经济海藻的
早期发育分化

近年来，海岸带地区的综合开发为国民经济的发展做出巨大贡献的同时，也对近海生态环境造成了一定程度的负面影响。例如，调查发现中国香港沿岸占优势的马尾藻群落受到了海洋污染和海岸带开发项目的影响而面临威胁。数据显示 1978～1991 年，海岸带开发和人为干扰因素造成了日本沿海区域的减少和退化，导致日本沿岸海藻苗床的大量流失，其中马尾藻流失面积占总流失面积将近 22%，为了保护沿海生态环境，马尾藻苗床的恢复具有重要意义。Terawaki 等（2003）总结了马尾藻苗床恢复的 3 项新技术，即构建浅坡基质来稳定马尾藻苗床，利用人工基质的移植拓展天然马尾藻苗床周围的孵育和摄食环境，通过人工育苗的周期性移栽来实现严重污染和营养贫乏海区的苗床恢复，其中开展人工育苗是实现已遭受破坏苗床恢复的有效方式。

作为山东半岛潮间带马尾藻苗床建群种和经济马尾藻种类之一，鼠尾藻在食品、工业、饲料、环保等方面具有广泛的应用价值，但是也导致近年来对自然生长的鼠尾藻天然种群的大量采收、挖掘和破坏性开发利用，使得我国北部沿海的鼠尾藻野生资源受到严重的破坏，亟须发展其人工养殖技术以恢复野生资源和实现可持续开发，但面临的一个问题是种苗的规模化培育比较困难。有性生殖是获得种苗的一种新途径，但其所需培育条件和技术瓶颈尚未攻破。在此背景下，本篇首先在室内对鼠尾藻有性生殖幼苗的早期发育和生长进行了研究，了解其繁殖生物学特性，为鼠尾藻人工种苗的培育提供实验依据。

另外，山东半岛是我国经济海藻的重要产区之一，分布有多种大型经济海藻资源，尤其该区一些具有重要经济价值的经济褐藻和红藻类群，如羊栖菜，其养殖方法仍然以传统方法为主，即从潮间带收割自然种群作为种苗，通过潮间带苗绳养殖或者进行海上筏式养殖，然后以假根形式度夏，翌年从假根再生的幼苗构成养殖的主体，同时，利用天然种群补充苗源。这种养殖方式决定了每年都需要采集或者保留成吨的生物量作为种源。而且，由于其天然种群的繁衍主要依靠假根的繁殖，近年来养殖者采取的成片铲取岩礁上带有假根的自然幼苗进行养殖的策略，造成其天然野生种群的大量毁灭，其残存的野生资源已濒临枯竭，需要对其进行规模化的人工养殖才能满足巨大的市场需求。但是，种苗来源问题已成为制约其规模化生产的瓶颈，而且高效的种苗培育技术也是经济海藻自然资源得到保护和修复的关键，除了通过假根获得种苗的途径以外，人们一直在尝试利用合子获得种苗的新途径，即发展高效、实用的有性繁殖育苗技术。而一种新的海藻人工养殖技术的确立建立在对其繁殖生物学和生活史特征的详尽而准确了解的基础之上。

因而，本篇同时还选取了山东半岛地区分布的三种大型红藻真江蓠（Gracilaria asiatica）、金膜藻（Chrysymenia wrightii）、扇形拟伊藻（Ahnfeltiopsis flabelliformis）为材料，对其果孢子的萌发及果孢子幼苗的早期发育过程进行了形态学观察，并对其有性生殖幼苗进行室内培养，完成了对其早期生长特点的初步研究，阐明了幼苗在不同的温度、光照强度或不同光质培养条件下的生长规律及发育生物学特征。该研究将进一步丰富 4 种经济海藻的繁殖生物学和生活史特征，并为扩充潜在的海藻人工养殖种质来源提供理论和实验依据。

5 四种经济海藻的研究概况

5.1 鼠尾藻研究概况

5.1.1 分类地位、形态特征及分布

鼠尾藻隶属于褐藻门（Phaeophyta）无孢子纲（Cystosporeae）墨角藻目（Fucales）马尾藻科（Sargassaceae）马尾藻属（*Sargassum*），因幼体形似鼠尾而得名。其形态特征见 1.1.1。

褐藻门约有 250 属 1 500 多种，多数为冷水性海藻，生长在温带至寒带海水中，有些能够在弱光、低温下生长，但在热带地区的地中海和美国佛罗里达州的海域中，海底岩石上也有褐藻生长。产于淡水的褐藻仅 10 种左右，其中有两种在我国嘉陵江中发现。褐藻植物体均由多细胞构成，结构也比较复杂，营固着生活。褐藻色素体中除含有叶绿素 a、叶绿素 c 外，胡萝卜素和叶黄素的含量特别多，所以褐藻呈褐色。其同化产物不是淀粉，而是黏多糖和甘露醇；营养细胞均无鞭毛，游动孢子和雄配子具有两条侧身不等长的鞭毛，繁殖的方式有多种，都能进行有性生殖，在生活史中大多有明显的世代交替（陈阅增，1997）。

马尾藻属是褐藻门中最大的属，全世界已报道的马尾藻有 400 余种，广泛分布于世界范围的热带和温带海洋中，大多数种类生活在太平洋和印度洋水域，特别是印度洋-西大西洋海域和澳大利亚沿岸（Phillips，1995；曾呈奎和陆保仁，1985）。据调查，在我国马尾藻的数量以海南省最多，年产干藻 1 万多吨，约占全国其他地区产量的一半（黄志斌，1996）。

鼠尾藻是北太平洋西部特有的暖温带性海藻，是我国沿海习见的种类（曾呈奎，2000a；李伟新和朱仲嘉，1982；郑柏林和王筱庆，1961）。一系列的海藻资源调查表明，我国沿海北起辽东半岛，南至雷州半岛的硇洲岛，其间如辽宁、山东、江苏、浙江、福建、广东等地均有鼠尾藻分布（范振刚，1981；叶立勋和郭占杨，1987；李伟新和丁镇芬，1990；徐芝敏等，1994；傅杰和隋战鹰，1997；梅俊学和侯旭光，1998；庄树宏等，2003；王伟定，2003）；除我国外，还分布于俄罗斯、日本及朝鲜（Koh et al.，1993；Hidenobu and Kouichi，2000；Tetsu et al.，2001）。

鼠尾藻为潮间带的优势种，特别是在中潮区、低潮区的岩石上，往往大片生长，其生物量可达 2 000～2 500 g/m³。鼠尾藻周围生长的藻类有囊藻、萱藻、羊

栖菜、仙菜、石灰藻、铁钉菜、礁膜等。一般来说，生长在我国黄海、渤海的鼠尾藻个体较小，约 40 cm 高，南海的个体较大，高的可达 110 cm（原永党等，2006）。

鼠尾藻的分布范围如此广泛与其对潮间带的环境条件有较强的适应能力有关。方同光等（1964）研究了几种海藻的渗透生理与其在潮间带的分布的关系，指出鼠尾藻在潮间带的石沼中占显著优势的原因是，它能够忍受的渗透压变化范围为 1.32～45.4 atm[①]，比其周围生长的其他藻类都要大。

鼠尾藻在不同的地区有不同的称谓，如谷穗子（辽宁和山东沿海），谷穗果（辽宁旅顺），谷穗蒿（山东海阳），虎茜泡（福建霞浦），马尾（福建莆田湄洲岛），马尾丝、卜卜菜（福建平潭），草茜（福建平潭岛屿），牛尾茜、台茜（广东上川岛、下川岛），海茜（广东上川岛），马尾茜（广东海陵岛）等（曾呈奎等，1962）。

5.1.2　繁殖生物学特征

鼠尾藻在生殖季节可以进行有性生殖，减数分裂在卵或精子形成过程中的第一次细胞分裂时发生，每个卵囊内形成一个卵；精子和卵结合为合子，合子萌发后形成新的藻体——孢子体。鼠尾藻生活史中无配子体阶段，故无世代交替现象（图 5.1）（堀辉三，1993）。王飞久等（2006）对鼠尾藻的有性生殖规律进行了研究，探讨了鼠尾藻生殖托的成熟、精卵的排出、受精卵的分裂、假根的形成，以及孢子体的发育等过程。

鼠尾藻是多年生藻类，生殖托成熟后精、卵释放，藻体随即烂去，但基部的固着器仍保留下来，可以生出新枝，发育成幼苗，进行营养繁殖。

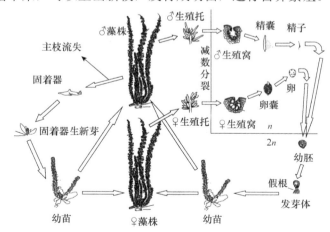

图 5.1　鼠尾藻的生活史图解

Figure 5.1　The life history of *S. thunbergii*

① 1atm＝1.013 25×10⁵ Pa

鼠尾藻的生长和繁殖季节因地而异。Aral 和 Miura（1985）报道，生长于日本千叶县的鼠尾藻 1 年中有两次生长和成熟季节。青岛鼠尾藻每年只有 1 次成熟和繁殖，繁殖季节在 7 月中下旬至 9 月中旬，盛期在 8 月；4～5 月已经初步形成生殖托和气囊，只是外形较小，7 月生殖托快速长大；同一地点的不同个体并不同步繁殖，而是每隔一定时间就会有一批成熟排卵；到 9 月底就只剩下新生枝条了；整个秋、冬季节新生枝条无明显生长，枝条的长度多在 6 cm 以下（孙修涛等，2007）。在辽宁，幼苗见于 9～11 月，翌年 7～10 月成熟（曾呈奎等，1962）。

5.1.3　种苗培育及养殖技术研究

由于大量采收自然生长的鼠尾藻种群作为养殖饲料，目前我国北部沿海的鼠尾藻自然资源已受到严重的破坏，种群规模和数量大幅度减小，在很多地区甚至出现了野生鼠尾藻资源枯竭的现象，如调查显示香港沿岸占优势的马尾藻群落因受到海洋污染和海岸带开发项目的影响而面临威胁（Ang，2006）。为了满足日益增长的对鼠尾藻资源的需求，并保护野生鼠尾藻资源不被破坏，开展大规模的人工养殖是解决问题的重要途径。对于大多数海藻来说，开发一个新型的养殖方法主要依赖于对其生活史的了解和对繁殖的有效控制。

关于有性生殖育苗的研究曾在马尾藻属的一些其他植物中展开，如羊栖菜、无肋马尾藻（*S. fulvellum*）和铜藻等。这些研究包括生殖托的形成、排卵、受精的生物学过程（孙建璋等，1996；阮积慧和徐礼根，2001），孢子体幼苗发育的最适光照、温度条件（Hwang et al.，1997），生殖托的翻滚培养以及控制条件下精、卵的同时排放等（Pang et al.，2005）。Hwang 等（1997）开展了新引入韩国海藻养殖业的无肋马尾藻的人工育苗工作，通过对光照和温度条件的控制，在室内完成对其生殖托的成熟诱导，与野外自然生长的植株相比，生殖托的排卵时间提早了一个月，得到了一定量的人工种苗，并尝试通过传统的长绳系统完成海上养殖，为该马尾藻的规模化育苗及人工养殖打下了基础。Uchida（1993）对铜藻的生殖过程进行了研究，并在实验室条件下完成了其生活史循环。Nanba（1995）利用电子显微镜技术揭示了铜藻排卵和幼苗早期发育过程中的超微结构变化。Yoshida 等（1999，2000a，2000b，2001）对大托马尾藻（*S. macrocarpum*）的生殖发育进行了研究，通过培育其茎生叶上着生的不定胚获得小植株，小植株脱离母体后，能发育为独立的个体，从而成功获得了人工幼苗；其后进一步发现了铜藻合子及幼苗在 5℃低温下可以长期保存。

关于鼠尾藻的研究，过去主要集中在生态学、物候学（Nakamura et al.，1971；Umezaki，1974；王伟定，2003）、多酚含量（严小军等，1996）和生物活性产品的提取（师然新和徐祖洪，1997）等方面，对其繁殖和早期发育方面的研究报道较少（郑怡和陈灼华，1993）。近些年来，鼠尾藻的人工养殖和繁殖生物学的研究相继开展，已经成为当前海洋藻类和水产学界关注的一个热点话题。

孙修涛等（2006）对鼠尾藻新生枝条进行了室内培养的试验，并优化了其室内生长的条件，指出温度和光照对鼠尾藻新生枝条的生长影响最大。

邹吉新等（2005）运用劈叉方式开展了鼠尾藻的筏式养殖技术研究。原永党等（2006）在威海也开展了鼠尾藻的劈叉筏式养殖实验，发现筏式养殖条件下的生长速度显著快于在潮间带岩礁区的生长速度；由于鼠尾藻为喜光性潮间带生长的藻类，而筏式养殖可以通过调节养殖水层，使其得到充足的光照，生长速度和藻体长度、重量都显著增大，证明了该技术的可行性。但这种鼠尾藻的养殖方式，大量的种苗需求依然是难以解决的问题，因此，建立一个稳定、有效、实用的种苗生产体系对于满足养殖需求和保证野生鼠尾藻的可持续利用是至关重要的。

刘启顺等（2006）通过采集野生鼠尾藻种菜、苗池受精、筛绢打捞受精卵、均匀泼洒受精卵于苗帘附着、苗池养殖的方法对鼠尾藻的育苗方法进行了探索，2年内获得幼苗上百万株。

张泽宇等（2007）探讨了大连沿海鼠尾藻繁殖期及卵放散量与水温的关系，并进行了鼠尾藻的采卵及人工育苗试验，结果表明大连沿海鼠尾藻的繁殖期为6月中旬至8月下旬，水温为13～23℃；繁殖高峰期为7月中旬，水温为17℃；最大卵放散量可达300万粒/g；水温低于22℃时，幼苗生长较快，水温高于23℃时生长几乎停止。其试验结果为大连地区的鼠尾藻养殖和育苗提供了有用的资料。

中国海洋大学的刘涛等（2004）申请了关于"一种基于体细胞育苗技术的鼠尾藻苗种繁育方法"的国家发明专利，根据海藻体细胞发育的全能性，利用海藻工具酶分解鼠尾藻组织，游离出体细胞或体细胞原生质体，然后将其附着于育苗基上，培养鼠尾藻幼苗。相对于有性生殖育苗技术，该技术的优点是无需生殖细胞的有性生殖过程，可直接发育成植株，缩短了育苗周期，并且鼠尾藻苗种繁育效率高，适合于大规模育苗生产。

王增福等（2007）研究了鼠尾藻的繁殖生物学特征，认为假根营养繁殖再生苗源是维持该藻自然种群的主要方式，也是目前开展人工养殖获得健壮种苗的重要途径；连根采收方式对鼠尾藻野生资源破坏严重，建议在7月底至8月初（此时藻体生物量接近最大，并完成生殖过程），通过剪切初生枝、保留假根的方式采集野生鼠尾藻种苗，这对保证假根的完整性、大量获得下一个栽培季节的健壮新苗有实际意义。

5.1.4　应用

1）食用

鼠尾藻富含多种人体必需的矿质元素，其幼嫩部分可以直接食用，干制品可以作为添加剂在方便食品中作为风味调料（纪明侯和张燕霞，1962；李玉山等，

1996；贺凤伟，2002）。

　　鼠尾藻可用于生产褐藻胶（曾呈奎等，1962）。褐藻胶是一种多糖聚合物，通常褐藻酸的钠盐、褐藻酸及其衍生物也统称为褐藻胶。褐藻胶的钠盐可以作为可塑剂，用于各种食品添加剂、冰淇淋、奶酪、果冻的稳定剂。褐藻酸在世界食品工业中用量占褐藻胶总用量的35%以上。褐藻酸能使冰淇淋冰粒细腻；使面包、蛋糕蓬松、细腻、不易掉渣；能增强面条、粉丝的韧性，口感细腻；可大幅度缩短啤酒生产周期，提高产量；此外还可用于制造人造海蛰皮、凉粉、果冻、食品包装膜，效果优良（张兴荣，1998）。

　　2）工业

　　鼠尾藻被用作制造氯化钾的原料，而且用以提取甘露醇、碘等化工原料（韩晓弟和李岚萍，2005）。

　　3）医药

　　鼠尾藻药用价值和活性物质的提取与开发一直受到国内外学者的关注，特别是近年来随着科学技术的进步，在对鼠尾藻藻体抗菌活性的相关研究的基础上，鼠尾藻活性物质的提取和药理方面的研究也在不断深入，取得了许多鼓舞人心的成果。

　　鼠尾藻作为海产中药，已被收录于《中国海洋药物辞典》（姜凤梧和张玉顺，1994），有软坚散结、利尿消肿、消热化痰的功效，主治淋巴结核、淋病、甲状腺肿大、心绞痛等症。褐藻胶是安全有效的止血药，用褐藻胶制成的止血纱布，能止住压迫和包扎大动脉引起的出血。褐藻胶制成的各种药物剂型，在外科中应用较为普遍，如止血粉、止血海绵、喷雾止血剂等。放射性锶是核污染产物，经消化道进入人体后可引起人类患白血病和骨癌。褐藻酸钠能减少放射性锶、镉在消化道的吸收，与锶、镉结合形成不溶物而排泄；服用一定量的褐藻酸钠能减少放射性锶在血液和骨骼中的含量。褐藻酸可用于制作食欲抑制剂，减少饮食从而达到减肥的目的，同时也能减轻减肥引起的失眠。口服褐藻酸对某些肿瘤有抑制、预防作用，且对正常细胞无伤害。褐藻胶也是镶牙时使用的良好模材，医院里常用的褐藻酸印模材，就是以褐藻胶为原料配成的。褐藻胶还可配成代血浆，对失血性休克、中毒性休克、胃肠道出血及其他脱水症都有很好的疗效，它是维持血容量的良好的扩容剂，对肝、肾、脾、骨髓无伤害，一般无过敏，能增进造血机能（谭征，1996）。

　　赵兵等（1999）采用循环气升式超声破碎鼠尾藻法提取海藻多糖取得了较好的效果。张尔贤等（1994）发现鼠尾藻醇提取物具有体外抑制人食管癌细胞株的生理活性；后来采用化学发光分析法研究发现鼠尾藻多糖具有清除氧自由基的活性；1997年，对远紫外线照射对鼠尾藻和铜藻多糖清除自由基作用影响的研究，发现远紫外线照射后，其清除超氧阴离子的水平明显下降，但却显著抑制氧自由基对不饱和脂肪酸的氧化作用（张尔贤等，1994；张尔贤和俞丽君，1997）。崔征等（1997）对作为传统中药的鼠尾藻干品的药理作用进行了研究，发现鼠尾藻在抗肿瘤和免疫方面有一定的效果。霍玉书等（1995）对鼠尾藻和角叉菜的降糖作用进行了比较研究，结果显示鼠尾藻比角叉菜见效早，效果更明显。

魏玉西等研究发现鼠尾藻的乙醇提取物抗氧化活性强，与合成的抗氧化剂相比具有明显的优势；随后又发现鼠尾藻多糖具有较强的抗凝血作用，其抗凝血作用与其相对分子质量有关（魏玉西和于曙光，2002；魏玉西和徐祖洪，2003；魏玉西等，2006）。

陈灼华等（1994）对鼠尾藻提取物的抗菌活性进行了研究，结果表明鼠尾藻中部的提取物具有抗革兰氏阳性细菌的活性，侧枝和主枝的抗菌活性相当；而藻体顶端和基部的提取物没有抗菌活性。林超等（2006）采用平板生长抑制法对鼠尾藻中多酚化合物的抑菌活性进行了研究，发现在一定浓度范围内试样对除大肠杆菌外的受试菌均有较明显的抑菌活性，抑菌活性的大小与多酚浓度和分子质量密切相关。另外，师然新和徐祖洪（1997）发现包括海黍子、鼠尾藻和山东马尾藻在内的 9 种海藻的类脂及酚类具有抗菌活性。

Ito 和 Sugiura（1976）报道了鼠尾藻多糖的提取流程及其抗肿瘤活性。Yasantha 等（2006）报道了鼠尾藻戊糖酶水解产物的抗凝集作用。Park 等（2005）从鼠尾藻中提取获得了水溶性抗氧化物质，并对其自由基清除能力进行了分析，发现用蛋白酶 Alcalase 制备的提取物具有最高的自由基清除能力。

4）饲料、饵料

鼠尾藻是一种重要的经济海藻，在中国、日本、韩国沿海地区形成广阔的海藻苗床，为鱼类、贝类及其他海洋生物提供了产卵、孵化和摄食的场所（Tsukidate，1984）。

由于鼠尾藻营养成分均衡，被认为是海参的最佳天然饵料。随着我国海参养殖业的迅速发展，其经济价值和需求量急剧增加。王如才和于瑞海（1989）利用鼠尾藻等大型海藻的榨取液投喂海湾扇贝，收到了较好的效果。童圣英等（1998）将鼠尾藻等大型藻磨碎后配以动植物蛋白质、脂肪、维生素、矿物质等，代替单细胞藻类饲喂海湾扇贝的亲贝和面盘幼虫，结果显示其可以正常生长发育。刘朝阳等（2006）认为鼠尾藻作为刺参稚参阶段的优质天然饵料，其供应量的不足已经成为限制刺参苗种和养殖业发展的潜在因素。有些地方还将鼠尾藻晒干后作为钓鱼的饵料。

5）环保

大型海藻在海洋水产动物养殖中的生态修复作用已经有很多报道（蔡泽平等，2005；陈汉辉，1999；王焕明，1994；王吉桥等，2001；Wei，1990；Qian et al.，1996）。马尾藻对多种重金属离子都具有吸附作用，可用于净化水质。

Kalyani 等（2004）证实天然存在的马尾藻和经酸处理的马尾藻均可以作为生物吸附剂从水介质中吸附 Ni 离子。Padilha 等（2005）证实马尾藻可以从半导体工厂排放液模拟溶液中回收 Cu^{2+}，在污水处理中有利用价值。由于马尾藻分布广、开发成本低，所以可以作为生物吸附器，用于污水处理和水质改良。

赤潮是急需研究解决的海洋环境问题之一，探索经济有效的防治方法，对于保护海洋环境质量、保障养殖业持续发展具有重要意义。王仁君等（2006）通过共培养的方法，研究了鼠尾藻对能引起赤潮的赤潮异弯藻（*Heterosigma akashiwo*）和中肋骨条藻（*Skeletonema costatum*）生长的抑制效应，结果表明鼠尾藻新鲜组织、干粉末及水溶性抽提液对赤潮异弯藻和中肋骨条藻的生长具有显著的抑制作用，且在较高浓度下对两种赤潮微藻的生长具有致死效应。该试验结果为通过鼠尾藻养殖控制赤潮等有害水华提供了理论依据。

5.2 真江蓠研究概况

5.2.1 分类地位、形态特征及分布

真江蓠（*Gracilaria asiatica* Chang et Xia）隶属于红藻门（Rhodophyta）真红藻纲（Florideophyceae）杉藻目（Gigartinales）江蓠科（Gracilariaceae）江蓠属（*Gracilaria* Greville）。

红藻门约有 834 属（Schneider and Wynne，2007）4 000 多种，大多数生活在海水中，淡水产的有 50 多种；海产种类大多生长在潮下带和深达几十米至上百米的海底，但也有种类生长于高、中潮间带的石沼中或高潮带的岩石上（周云龙，1999）。

江蓠属是 Greville 在 1830 年建立的，初建时只有 4 种；1852 年 Agardh 对本属进行了修正，并提出以江蓠作为江蓠属的代表种；其后，有关本属的种类报道极多，主要有：丹麦藻类学家 Børgesen 先后描述了印度洋及西印度群岛所产本属的种类；荷兰藻类学家 Weber van Bosse 报告了马来西亚和印度尼西亚地区本属的种类；美国藻类学家 Dawson 先后报道了太平洋东北部、越南等地所产本属的种类；May 总结了大洋洲产江蓠属种类；美国藻类学家 Taylor 先后报道了太平洋西岸地区、比基尼岛等处的江蓠属种类；日本藻类学家 Ohmi 对日本沿岸本属种类的研究等（张峻甫和夏邦美，1962）。

目前报道的江蓠属植物有 100 多种，广泛分布于热带、亚热带和温带海域，中国自然分布的有 30 多种，其中真江蓠简枝变种（*G. asiatica* var. *zhengii* Zhang et Xia）、樊氏江蓠（*G. fanii* Xia et Pan）、团合江蓠（*G. glomerata* Zhang et Xia）、长喙江蓠（*G. longirostris* Zhang et Wang）、混合江蓠（*G. mixta* Abbott，Zhang et Xia）、

山本江蓠（*G. yamamotoi* Zhang et Xia）等都是 20 世纪 90 年代在我国发现的新品种（许忠能和林小涛，2001）。

江蓠属的模式种是英国江蓠 [*G. verrucosa*（Huds.）Papenfuss]，长期被认为是一个世界广布种，文献记载在温带、热带的各大海洋中均有分布（Oliveira and Plastino，1994）。我国的张峻甫和夏邦美通过对中国、日本产的曾定名为"*Gracilaria verrucosa*（Huds.）Papenfuss"的标本与英国 Devon 模式标本产地的标本比较研究，发现两者的囊果被构造具有明显的不同，而囊果被的构造可以作为鉴定江蓠属植物种类的主要特征之一；另外他们还发现两者在四分孢子囊的大小、精子囊深度、吸收丝多少、果孢子囊直径等方面具有显著差别，因此将中国和日本产的"*G. verrucosa*"重新命名为真江蓠（*G. asiatica*）（张峻甫和夏邦美，1964，1976，1985，Zhang and Xia，1984）。现在这个名字已被江蓠属分类专家接受和使用。

真江蓠藻体直立，单生或丛生，线形，圆柱状，高 30～50 cm，可达 2 m 左右，基部具小盘状固着器，主干及顶或否，直径 1～3 mm，分枝 1～4 次；紫褐色，有时略带绿色或黄色，干后变暗褐色，体亚软骨质，制成的蜡叶标本不完全附着于纸上。枝多伸长，常被有短或长的小枝，或裸露不被小枝，向各个方向不规则地互生、偏生或叉分；分枝的基部常略缩，也可看到缢缩的个体，甚至略缩和缢缩的现象同时出现在一个个体上，枝的直径 0.2～0.5 mm，枝端逐渐尖细。

藻体内部为大的薄壁细胞组成的髓部，细胞不规则圆形，直径 165～365 μm，壁厚 8～24（～40）μm，外围有 3～5 层或更多的逐渐变小的皮层细胞；表层细胞常含有色素体，卵形或长圆形，（7～10）μm×（5～7）μm，多少有些背斜排列；细胞自皮层向内逐渐增大，故皮层和髓部之间界限不明显，老时藻体常中空；体表角质层厚约 10 μm。皮层细胞和髓部细胞均为多核，核的数目在皮层细胞内为 3～8 个，而在髓部大细胞内可多达十几个至一百多个（王素娟和徐志东，1986）。

真江蓠生长在潮间带及大干潮线附近或以下 1～3 m 处的岩礁、石砾或贝壳上，在有淡水流入的平静内湾中生长更盛。曾呈奎和陈淑芬（1959）调查了真江蓠在青岛海区的自然分布，指出其分布范围遍及中潮带 1.8 m 至低潮带 0.2 m 的海滩，在潮位低的积水处和石沼内分布尤其多。

5.2.2 繁殖生物学特征

江蓠属植物的生活史中同形的雌、雄配子体（*n*）、果孢子体（2*n*）和四分孢子体（2*n*）相互交替（Kim Dong Ho，1970），属于典型的多管藻型生活史（Ogata et al.，1972）。

真江蓠的配子体和四分孢子体外形上相同，都是独立的植株，果孢子体寄生在雌配子体上。一般情况下，囊果、精子囊和四分孢子囊分别生长在不同的植株上，但也可观察到在同一藻体上出现不同世代的分枝，以及不同生殖器官混生在一起的现象。例如，Ohmi（1956）报道过日本的 *G. vermiculophylla* 精子囊和四分孢子囊混生在同一枝段上的现象；Kim（1970）曾在智利的江蓠中发现四分孢子囊生长在囊果的枝段上；仁国忠和陈美琴（1986）在青岛湛山湾海域采集到部分江蓠植株上同时有果孢子体枝段和雄配子体枝段，有的四分孢子体植株上长有果孢子体枝段和雄配子体枝段，甚至在同一枝段上有精子囊和四分孢子囊混生的现象，他们认为不同世代的分枝、生殖器官混生的现象可能是由江蓠发育早期盘状体"愈合"导致的结果。

20 世纪 50 年代后期，我国的藻类学家曾呈奎和陈淑芬（1959）研究了真江蓠的繁殖习性，发现在青岛地区自然生长的真江蓠，四分孢子囊大量成熟的时间在 5 月下旬，而囊果到 6 月中旬才逐渐成熟；在实验室培养真江蓠幼苗，四分孢子和果孢子萌发的适宜温度为 20℃和 28℃，在 7℃、10℃、15℃下也可萌发，但生长速度较慢；在实验室自然温度（6～38℃）条件下也能培养出幼苗，但比 28℃下培养的速度慢得多。

据有关研究资料介绍，一个江蓠囊果可形成 200～2 000 个孢子。1 g 江蓠孢子体可放散 13 万～15 万个四分孢子，1 g 配子体可放散 10 万多个果孢子（李修良和李美真，1986a）。江蓠四分孢子的放散是先排出四分孢子囊，然后四分孢子囊在上浮过程中崩裂，释放出 4 个四分孢子；果孢子则是通过囊果孔一个一个地排放，并有时间间歇，放散初期间歇短，后期间歇长；一个囊果可以形成的果孢子数至少在 3 000 个以上；无论是四分孢子还是果孢子，从母体排出后，只能下沉停留在母体附近，可能附着的范围很小（田素敏和刘德厚，1989）。江蓠这种集中的大量释放孢子的特点，为开展江蓠人工采苗、孢子育苗提供了科学依据，但针对附着范围小的特点，在进行人工采孢子时，应通过搅拌增加采孢子水的流动性，促使孢子均匀附着。

Komiyama 和 Sasamoto（1957）对江蓠繁殖过程中孢子的附着和早期发育进行了研究。Oza（1975）报道了在印度皮江蓠（*G. corticata*）的果孢子、四分孢子的萌发和早期发育研究中的一些新发现。Plastino（1988）在对来自智利的江蓠果孢子体的培养试验中发现一些特殊的发育现象：果孢子萌发形成的植株可以产生四分孢子和精子，或者只产生四分孢子；四分孢子在不通风的条件下只能发育成雄配子体，而在通风条件下，四分孢子可以发育成雌配子体、雄配子体各 50%；由四分孢子发育成的植株可以产生精子和四分孢子，其中一个四分孢子发育成雄配子体；一些四分孢子发育成球状体，而非正常的圆柱形分枝，其中的一个在 3 个月后产生了精子。试验结果表明，环境因素似乎会干扰江蓠发育过程中的性别决定机制，诱导原本是雌配子体或四分孢子体的植株上产生精子。

陈美琴和任国忠（1985）研究了江蓠（1985 年被重新命名为真江蓠）幼苗的早期发育过程，根据形态特征将其划分为 4 个发育时期：孢子初分时期、"半球状体"时期、盘状体时期和幼苗时期,最后可形成具有盘状体和不具盘状体的两种不同幼苗。具盘状体的幼苗可能是自然条件下孢子的发育途径,附着能力强,是人工栽培的主要对象;不具盘状体的幼苗附着能力差,自然条件下会因海浪的冲击而流失,不适于一般的海上栽培,但其生长速度比具有盘状体的幼苗快,可用于水池悬浮培养、栽培。

关于温度对真江蓠幼苗早期生长发育的影响,国内外的研究不多。加拿大藻类学家 Mclachlan 和 Edelstein（1977）及美国学者 Friedlander 和 Dawes（1984）对江蓠属的叶江蓠（*G. foliifera*）幼苗的发育与光照、温度等条件的关系进行了研究和讨论。陈美琴和任国忠（1987）曾就温度对真江蓠幼苗早期生长发育的影响做了初步研究,结果表明"半球状体"和盘状体时期的适宜温度为 15～25℃,并指出在青岛地区进行江蓠的人工育苗,适宜采苗时间在 6 月下旬至 7 月下旬和 9～10 月。

5.2.3　种苗培育及养殖技术研究

5.2.3.1　种苗培育与品种改良

人工养殖江蓠的关键在于如何快速有效地获得大量的种苗,目前已有一些学者致力于解决这个问题,尝试用孢子来培育幼苗。Doty 等（1986）在美国夏威夷试验用 *G. parvisptora* 囊果释放出大量孢子附着到石块或其他基质上,然后放入海水中培育成藻体,并且在马来西亚对细江蓠进行绳养获得成功。通过采孢子培育幼苗的方式,培育 1 hm² 的江蓠,只需要带囊果的雌配体约 40 kg（Alveal,1997）。这种方式成本低、效益高,逐渐成为江蓠养殖界的发展趋势。我国的江蓠栽培除水塘型栽培细基江蓠繁枝变种（*G. tennistipitata* var. *liui*）为营养繁殖外,在浅海进行浮筏式栽培的优质江蓠,如真江蓠、龙须菜、细基江蓠等,都是孢子繁殖的（刘思俭,1989）。

采取室内育苗的形式解决种苗问题从理论上讲是可行的,但是这种方法还不成熟,一些关键问题还有待解决。例如,孢子在培养过程中损耗率非常高,存活率只有大约 0.1%,其主要原因是杂藻的滋生带来的生存竞争及掠食者的大量繁衍（Glenn,1996；Kuschel,1991）。我国许多单位试验的结果是,孢子附着多,萌发的幼苗也不少,但随着时间推移,幼苗越长越少,达不到生产的要求;后来有些单位采取室内采孢子,附着一周萌发成盘状体后转移到自然海区培养,但每亩[①]苗圃培育出的江蓠苗只够 1～2 亩浅海栽培使用,生产成本过高（刘思俭,1988）。

后来,刘思俭等（1990）进行了江蓠的潮间带密集型采孢子育苗试验,达到

---

① 1 亩≈667m²

每亩苗圃培育的幼苗能够满足 20 亩浅海进行浮筏式栽培之用，表明在没有解决室内孢子育苗技术以前，进行潮间带密集型采孢子育苗是可行的。

随着植物组织培养技术在高等植物中成功运用，利用江蓠类愈伤组织诱导成苗逐渐成为研究热点。Yan 和 Wang（1993）在试验中通过用酶消化江蓠营养体组织获得大量有再生能力的原生质体，并对其进行了进一步的培养，结果发现：原生质体培养 5～7 天后分裂形成类似愈伤组织的细胞团，并在细胞团周围生出许多丝状体，1 个月后这些丝状体消失；类愈伤组织中央位置形成第一批萌芽，在通风条件下 3 个月后发育成完整的植株；4 个月内，每团类愈伤组织上形成 20 棵江蓠幼苗；从类愈伤组织细胞团上得到的丝状体，培养 20 天后可以发育成江蓠幼苗。初建松等（1998）报道成功分离到江蓠的原生质体，并培养发育出类愈伤组织。樊扬和李纫芷（2000）在江蓠属植物龙须菜培养过程中，通过模拟逆境胁迫处理，在基部诱导出丛生丝状体组成的类愈伤组织，并进一步发育成匍匐体，从江蓠体细胞获得有固着能力的再生苗，弥补了营养枝繁殖中需要人工固着的缺点。

真江蓠的藻体切段具有很强的植株再生能力，再生途径至少有两种：一种为切段组织经过培养可直接形成再生植株；另一种为切段组织经培养脱分化，诱导出愈伤组织或类愈伤组织，愈伤组织或类愈伤组织再分化，形成盘状体，盘状体继续发育即可形成再生植株（王爱华，2005）。

海藻原生质体融合使自然条件下不能杂交的物种进行基因组重组，创造生物的新类型，是改善物种特性、进行遗传操作和育种研究的一种新方法。自 1972 年 Carlson 等用硝酸钠诱导两种烟草原生质体融合，首次获得种间体细胞杂种植株以来，已有大量种内、种间甚至属间原生质体融合获得成功（夏镇澳，1985）。海藻原生质体融合方面也开展了一些研究（Primke et al.，1978；张大力，1983；孔杰，1987；Waaland，1978），但是较高等的红藻江蓠属植物，要获得有再生能力的原生质体比较困难。江苏省海洋水产研究所的徐建荣（1992）通过聚乙二醇（PEG）-高 Ca^{2+} 高 pH 法诱导真江蓠和同属植物龙须菜（*G. sjoestedtii* Kylin）的果孢子融合获得成功，并通过培养融合细胞获得杂种植株。

5.2.3.2　人工养殖技术研究

近年来，由于琼胶在工业、农业、医药等方面的用途日益广泛，特别是在农业上作为细菌肥料和医药上作为微生物培养基，对江蓠的需求量日益增多。随着琼胶制造业的迅速发展，引起了人们对江蓠养殖的重视，同时也大大促进了江蓠养殖业的发展。

江蓠的孢子体和配子体在琼胶的提取上都具有重要价值，其含胶量的高低是进行人工养殖时藻体选择的重要参考依据之一。据 Kim 和 Henriquez（1997）报道，江蓠在生活史的不同阶段中含胶量和凝胶强度不同，配子体含胶量高，凝胶强度低；孢子体含胶量低，凝胶强度高。若以含胶量作为标准，在进行江蓠的人工养殖时，应选择配子体作为养殖的藻体。

但选择哪种藻体进行人工养殖，仅以含胶量作为标准似乎不够完善，因为藻体的长度、株重、鲜干比等也是影响琼胶产量的重要因素。李修良和李美真（1986b）通过对青岛海域江蓠的生态调查和养殖试验发现，雄配子体主枝短，分枝少，精子放散后藻体很快脱落流失，对产量的价值不大；虽然孢子体的鲜干比高于雌配子体，但其长度和株重指标都优于雌配子体，综合产量大于雌配子体，因此认为孢子体具有重要的栽培价值；另外他们还发现一年苗的生长速度、分枝数量、孢子发生量都超过多年苗，因此进行营养繁殖时应以一年苗作为营养体。

江蓠可以通过多种途径养殖，如池塘型撒苗栽培、潮间带网帘夹苗养殖、浅海浮筏夹苗养殖、潮间带整畦散苗养殖和拉绳夹苗养殖等（何京，2004）。刘思俭等（1986）在总结潮间带网帘夹苗栽培江蓠技术的基础上，利用潮间带栽培江蓠在管理上的方便条件，发挥浮筏式栽培可以使藻体充分进行光合作用的优势，于 1984 年春节前后对细基江蓠（*G. tenuistipitata*）进行了潮间带浮筏式栽培试验，在 2 个月的时间内，获得每公顷 2.8 t 干品的高产量，价值人民币约 13 000元，而成本只有约 1 500 元，所以研究者认为只要解决种苗来源问题，细基江蓠是可以在群众中推广栽培的，并指出细基江蓠在华南沿海的最适生长季节是 12月至翌年 3 月。

1959 年我国广东省人工养殖的江蓠亩产干品达 125～175 kg（曾呈奎等，1962）。我国台湾的自然条件较好，江蓠资源丰富，以营养繁殖的方法进行了大面积的人工养殖，产量可达 10 t/hm^2（Chiang，1980；Shang，1976）。通过营养繁殖的方式扩繁江蓠幼苗进而进行人工养殖，技术简单，江蓠生长迅速（Kain and Destombe，1995）。但这种养殖方式每年要保留大量的生物量作为种菜，如通过网帘夹苗法养殖江蓠，每公顷约需要 10 000 kg 的江蓠幼苗作种菜（Alveal，1997）。因此，种苗来源问题成为阻碍人工养殖江蓠产业发展的瓶颈之一。

5.2.4　分子生物学与生理学方面的研究

植物的分类需要形态学、细胞学和分子生物学等多门学科、多种技术的综合研究。经典的分类学是建立在形态特征基础上的（Yamamoto，1978；Yoshida，1983），如对江蓠属的物种归类主要是依据分枝的样式、缢痕在藻体上的排列等级、叶状体的形状及繁殖结构等特点。但目前看来经典分类可能存在一些问题，如中国的龙须菜与美国、加拿大的龙须菜不能杂交，与委内瑞拉龙须菜也不能杂交（张学成等，1999b），可见江蓠属的分类问题还有待于进一步研究。近年来，一些分子生物学技术（如 RAPD、ISSR 等）开始用于江蓠属植物的遗传相似性分析，探讨经典分类的合理性。

在真核生物基因组中散布着大量的简单串联重复序列（SSR）。SSR 通常为 1～4 个碱基组成串联重复单元，串联重复的拷贝数为 4～10 个或者更多。ISSR 是在SSR 基础上发展起来的一种新的快速标记技术，可以提供更为可靠的遗传信息，广泛应用于物种的分类、系统学比较、进化与分类及群体遗传学等研究中（Zietkiewicz et al.，1994）。孙雪等（2003）利用 ISSR 技术研究了几种江蓠属植物之间的遗传相似性，结果发现，依据 Thorpe（1982）的遗传相似度标准，采自中国青岛、委内瑞拉和南非 3 个地区的龙须菜之间的差异水平远远高于种内的差异水平，属于种间水平的差异；而江蓠属的 4 种植物龙须菜、真江蓠、细基江蓠繁枝变型、芋根江蓠（G. blodgettii）之间的差异水平应该是同科属间的差异水平，而不应该归于同一个属。这些试验结果与传统的分类并不一致，为江蓠属分类问题的深入研究提供了分子生物学依据。

李文红等（2004）采用 RAPD 和转录间隔区技术，分析了细基江蓠及其繁枝变种的遗传多样性，并对其遗传结构进行对比分析，探讨两者间在 DNA 水平上的差异。研究结果表明，细基江蓠及其繁枝变种均聚集为一枝，与同属不同种的真江蓠和龙须菜分开，提示细基江蓠及其繁枝变种为同一个种，从而在 DNA 水平上支持了传统形态分类的观点。

质粒是指独立于染色体 DNA 之外的遗传物质（Lederberg，1952）。秦松等（1994）在真江蓠中发现质粒的存在，长度约为 1.3 kb；分子杂交结果显示，真江蓠质粒与其叶绿体 DNA 之间没有同源性，而与核 DNA 间有一定的同源性。红藻质粒可用于红藻基因工程载体的构建，对红藻的遗传转化具有重要意义，国外在13 种红藻中发现了质粒的存在（Goff and Coleman，1990；Villemur，1990；Shivji，1991）。红藻质粒已成为藻类分子生物学研究的热点之一，为红藻的分子生物学和基因工程研究提供了新的工具。

建立合适的外源基因转移系统是大型海藻基因工程的一个重要研究内容。外源基因在大型海藻组织中的瞬间表达可以确定外源基因是否导入海藻组织，并对影响导入的各种因素加以研究，以此来建立合适的 DNA 导入系统。匡梅等（1998）以真江蓠等 4 种红藻的组织切段为材料，研究大型红藻中外源基因导入方法与CaMV 35S 启动子在其中的通用性。结果表明：基因枪可以作为真江蓠等 4 种具较强组织切段再生能力的红藻的有效外源基因导入方法，外源 gus 基因在基因枪作用下已进入真江蓠等 4 种红藻的组织块中并表达，并证实了 CaMV 35S 启动子在海藻中的通用性。

真江蓠中的核基因 GapA、m-ACN 及 UB16R 已被克隆和测序。GapA 基因编码甘油醛-3-磷酸脱氢酶，其中一个转运肽编码位点的内含子与高等植物中一个内含子相似（Zhou and Ragan，1994）。m-ACN 基因编码线粒体顺乌头酸酶，这是在进行光合作用的生物中首次被鉴定出来（Zhou and Ragan，1995a）。*UB16R* 基因编码遍在蛋白，经测序发现真江蓠的遍在蛋白与动物、高等植物的遍在蛋白有极高的相似性（Zhou and Ragan，1995b）。

藻胆体是红藻和蓝藻特有的光能捕捉器，由捕获光能的藻胆蛋白和在结构上起连接作用的无色蛋白或多肽组成，位于类囊体膜外层，通过锚蛋白固定在类囊体上（Gantt，1981）。藻胆体的捕光色素包括 3 种藻胆蛋白：异藻蓝蛋白（allophycocyanin，APC）、藻蓝蛋白（phyco-cyanin，PC）和藻红蛋白（phycoerythrin，PE）。藻胆体有束状、半盘状、半椭球状和双圆柱状 4 种形状，是由"核心复合物"和放射状排列的"杆状复合物"组成的（Nies and Wehrmeyer，1980）。自 1966年，Gantt 和 Conti 用戊二醛固定并首次从紫球藻（*Porphyridium cruentum*）中分离出完整的藻胆体以来，各种来源不同的藻胆体相继被分离出来（Gantt et al.，1979）。张学成等（1999b，1999c）从青岛产的真江蓠中分离出分子质量不同的两种完整的藻胆体（蓝色藻胆体和深紫色藻胆体），测定了其吸收光谱和荧光光谱的性质，并从藻胆体的颜色和光谱性质推断这是由藻红蛋白的含量不同造成的。

吴超远等（1996）用氧电极法测定了真江蓠在不同生长季节的光合和呼吸速率，并研究了温度对其光合、呼吸速率的影响，发现青岛海区的真江蓠具有典型的潮间带藻类的光合特性，即高光饱和点、较高的光补偿点和光合适温（≥25℃），温度、季节和藻体发育阶段对光合速率有明显影响，对呼吸速率也有一定的影响，其中温度的作用最显著。

5.2.5　应用

江蓠的应用价值主要体现在多种活性物质，如琼脂、藻红蛋白和藻蓝蛋白及多种其他活性物质的提取，因而，它在工业、农业、医药等方面的用途日益广泛。

1）琼脂

江蓠是重要的经济红藻，是目前制造琼胶的主要原料之一，世界上约有 60%的琼胶是从江蓠中提取的（Santelices and Doty，1989）。1945 年，澳大利亚首次用江蓠提取了琼胶，年产量达 20 t（高桥武雄，1961）。

真江蓠个体较大，含胶量在 25%以上（刘思俭，1988），是优质的栽培种类。琼脂可用来制作培养基；生化分析与临床化验中的电泳、层析等技术也常用到琼脂或琼脂糖；以琼脂作为膜材料研制的新型血液净化材料用于血液灌流可选择吸附毒性物质（马育等，1999）。氨基化修饰的琼脂微载体是高密度悬浮培养肝细胞的理想方法之一，可用于生物人工肝的研究（徐涛等，1999）。作为水溶性食物纤维，琼脂对便秘、心血管病与结肠癌有一定的预防作用（赵谋明等，1997）。琼脂多糖对 β 型流感病毒、腮腺炎病毒及脑膜炎病毒等有抑制作用（吴征镒，1990）。

2）藻红蛋白和藻蓝蛋白

真江蓠藻体富含藻红蛋白和藻蓝蛋白（张学成等，1999a）。藻红蛋白对癌细胞有光动力杀伤作用，可检测病理抗原，并具类胰岛素活性，可能与一些海藻降血糖效应有关（李冠武等，1999；张志方等，1999；曾繁杰等，1986）。藻蓝蛋白具有抑制瘤细胞、强化免疫系统、提高造血功能、作激光治癌的光敏剂等医用价值（刘宇峰等，2000；张成武等，1995；蔡心涵等，1995）。藻红蛋白和藻蓝蛋白都具有强烈的荧光效应，可以制成荧光探针用于免疫学、细胞学、分子生物学等方面的研究。

3）其他活性物质

真江蓠的氯仿、乙酸乙酯、丙酮和甲醛提取物对自由基有清除作用，在以过氧化氢为羟基自由基供体条件下，真江蓠的水溶性提取物对羟基自由基的清除率达 50% 以上，有保护 DNA 的功能（范晓等，1999）。

Kanoh 等（1992）在真江蓠中分离出一种血凝素，其活性对热敏感而对蛋白酶和高碘酸不敏感，并对不同动物血红细胞的凝集反应有差异。

真江蓠中的水溶性多糖可促进小鼠吞噬细胞的活性，而酶解后的水溶性多糖经腹腔注射后，可显著提高小鼠腹腔分泌细胞的数量、吞噬能力及对氧化物质的分泌活性，同时也促进脾巨噬细胞分泌氧化物质清除异物（Yoshizawa et al.，1996）。

分布在日本的真江蓠中含有大量的前列腺素，食用过量可造成中毒（Noguchi et al.，1994；Sajiki and Kakimi，1998；华玉琴等，2000）。

关于真江蓠的生物活性成分对人体或动物的真正效用如何还有待于进一步研究，这是因为不少药用成分只是处于初筛阶段，甚至只有体外试验的初步结果，而且一些药理试验的重复性、可靠性尚待验证。

5.3 金膜藻研究概况

5.3.1 分类地位、形态特征及分布

金膜藻 [*Chrysymenia wrightii*（Harvey） Yamada]，隶属于红藻门（Rhodophyta）真红藻纲（Florideophyceae）红皮藻目（Rhodymeniales）红皮藻科（Rhodymeniaceae）金膜藻属（*Chrysymenia* J. Agardh）。

金膜藻藻体紫红色，直立，基部有盘状固着器，着生数条圆柱状的主轴，可形成数回羽状不规则分枝，成体高度可达 15～30 cm，展幅 2～7 cm。藻体内部中空或组织疏松，单独或数株丛生（图 5.2）。

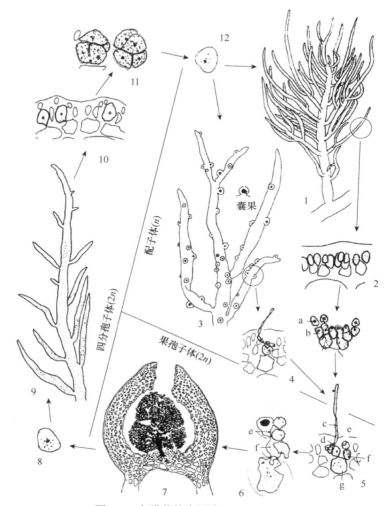

图 5.2　金膜藻的生活史（Lee，1978）

1. 雄配子体；2. 表皮细胞形成的精子器；3. 雌配子体；4. 四细胞的果孢枝；
5. 受精前的果孢；6. 辅助细胞与果孢枝的融合；7. 成熟的囊果；8. 释放的果孢子；
9. 四分孢子体；10. 内部皮层细胞形成的四分孢子囊；11. 成熟的四分孢子囊；
12. 释放的四分孢子

a. 精子器；b. 精母细胞；c. 受精丝；d. 果孢；e. 助细胞；f. 助母细胞；g. 支持细胞

Figure 5.2　The life history of *C. wrightii*（Lee，1978）

1. male gametophyte; 2. spermatangium formed by epidermal cells; 3. female gametophyte;
4. carpogonium with four cells; 5. carpogonium before fertilization; 6. fusion of the ancillary
cell and carpogonium branch; 7. matured cystocarp; 8. released carpospores; 9. tetrasporophyte;
10. tetrasporangium formed by inner cortical cells; 11. mature tetrasporangium; 12. released tetraspore

a. spermatangium; b. spermatocyte; c. fertilization filaments; d. carpogonium; e. ancillary
cell; f. ancillary mother cell; g. support cell

金膜藻生活史中，包含两个二倍体世代（四分孢子体世代和果孢子体世代）和一个单倍体世代（配子体世代），四分孢子体和雌雄配子体的形态相同，均可发育成成体，属于同型世代交替。果孢子体寄生在雌配子体上（Lee，1978）。

金膜藻是冷温带性海藻，分布于日本、韩国及我国黄海、渤海沿岸，主要生长于低潮线附近至潮下带 20 m 深处的岩石上，4 月开始出现，7～8 月进入旺盛生长时期，10 月后生物量急剧减退（Tseng，1983）。东北师范大学的傅杰和隋战鹰（1986）于 1982～1984 年对辽宁省葫芦岛海区的藻类进行了调查，5 月开始可见到金膜藻，6 月在潮线以下观察到金膜藻进入生殖期，8 月以后没有采集到金膜藻。

5.3.2 研究概况

国内外关于金膜藻的研究较少，主要涉及金膜藻属的分类、金膜藻的光合特性和活性物质的提取等。

根据假根的有无，一部分原金膜藻属植物被分离出来，成立隐蜘藻属 [*Cryptarachne*（Harvey）Kylin]（Abbott and Littler，1969）。Saunders 等于 1999 年从分子水平上证明了两个属的独立性。

Wynne（2005）报道了金膜藻属的一个新种 *C.tigillis*，该种分布在北阿拉伯海，与同属其他植物的区别主要是植株的大小（高 75 cm，展幅 21 cm）、粗糙不平的藻体表面等。

金膜藻的光合色素是叶绿素 a 和藻胆蛋白，藻胆蛋白包括藻红蛋白、藻蓝蛋白和异藻蓝蛋白。根据吸收光谱特征，金膜藻的藻红蛋白属于 II 型藻红蛋白，也称"三峰型"藻红蛋白，其特征是在可见光谱区，在 498 nm、540 nm、565 nm 分别有 3 个吸收峰。通常认为含有 II 型藻红蛋白的藻类比含有 I 型藻红蛋白的藻类具有较高的进化地位（隋正红和张学成，1998）。

大部分红藻分布在海水较深处，以低潮带为多，在退潮时露出的机会少且时间短，外界渗透压变化缓和，根本没有完全淡化的可能，因此对低渗透压（海水淡化）的耐受力一般较低。当外界渗透压变化时，金膜藻的光合速率明显降低，显示了其对海水淡化的危害承受能力较差的特点（姚南瑜等，1985）。

海洋藻类是药物资源的宝库，其中活性物质的提取和药理作用的探索是研究的热点，关于金膜藻体内活性物质的作用也有一些报道。金膜藻的甲醇提取物对人白细胞弹性蛋白酶有抑制活性（抑制 62.8%）（牛荣丽等，2003）。人白细胞弹性蛋白酶是发生炎症过程中的关键酶之一，因此，金膜藻甲醇提取物中的活性成分可用于开发药物，治疗类风湿等常见多发炎症类疾病。另外，金膜藻的甲醇提取物还有抑制 T、B 淋巴细胞的作用，对由于淋巴细胞过度增殖而引起的某些自身免疫性疾病有效果（徐秀丽等，2003，2004）。

阿尔茨海默病是发生于老年和老年前期、以进行性神经退化为特征的大脑退行性病变，是严重威胁老年人生命健康的主要疾病之一，其病理机制与患者神经间隙中乙酰胆碱酯酶活性过高有密切关系，寻找乙酰胆碱酯酶抑制剂是其重要的治疗策略之一（胡海峰等，1999；李前等，2002）。金膜藻的石油醚提取物对乙酰胆碱酯酶具有低水平的抑制活性，其中含氮的生物碱类是最有可能的活性成分；而其乙酸乙酯提取物则对乙酰胆碱酯酶有一定的增强作用（张翼等，2005）。因此，在以金膜藻为原材料开发治疗阿尔茨海默病药物时，应注意探索、选择合适的活性成分提取方法。

5.4　扇形拟伊藻研究概况

5.4.1　分类地位、形态特征及分布

扇形拟伊藻［*Ahnfeltiopsis flabelliformis*（Harv.）Masuda］，属于育叶藻科（Phyllophoraceae）杉藻目（Gigartinales）真红藻亚纲（Florideophycidae）拟伊藻属（*Ahnfeltiopsis*），分布于低潮间带和中潮间带的岩石上，在中国、日本、韩国及越南沿岸有分布记录（Mikami，1965；Masuda et al.，1979，1994；Masuda，1981；1987；Norris，1994）。

藻体直立，单生或丛生，高 4～10 cm，基部具小盘状固着器附着于基质上，藻体基部亚圆柱形，其余部位均为窄线形或扁平叶状，6～12 次二叉式分枝，枝宽 1～1.8 mm，枝端尖或钝圆，有时略膨胀，微凹或二裂，边缘全缘或有时有小育枝，小育枝单条或 1～3 次叉分，枝距 2～9 mm，体中下部枝距大于上部，分枝多集中于上部；整体有扇形轮廓；藻体紫红色，干后变黑色或褐色，软骨质；常生长在潮间带的岩石上或石沼边缘。

囊果生长在末位枝及次末位枝上，以 3～5 个链状排列，成熟的囊果为 681 μm×630 μm，位于髓层中，被厚的皮层细胞包围着，上果被厚 112 μm，由 10～11 层长柱形或长方形细胞组成；下果被 73 μm，由 6～7 层长圆形或长方形细胞组成，两边都有孢囊口。果孢子囊集生成不规则团块，囊径大小为（6.6～16）μm×（3.3～10）μm。精子囊群生长在枝或育枝的表皮层，横切面观长柱形，色淡，反光强，（7～13.2）μm×（3.3～5）μm。四分孢子囊未见（曾呈奎，2000a，2000b）。

5.4.2　研究概况

拟伊藻属最早由 Silva 和 Decew 在 1992 年确立，共包含 15 个种，原来归属叉枝藻属（*Gymnogongrus*）和伊谷藻属（*Ahnfeltia*）。接下来又有 11 个种被归入拟伊藻属（Masuda，1993；Lewis and Womersley，1994）。用以区分拟伊藻属和与其近缘的叉枝藻属的最关键特征是其生活史模式（Masuda and Kogame，1998）。拟伊藻属被认为属于 *Bonnemaisonia hamifera*-type 生活史类型（也被称作异型生活史或者

Nemalion-type 生活史），即具有直立定居生活的雌雄异株的拟伊藻类（*Ahnfeltiopsis*-phase）的配子体世代和自由生活的壳状红皮藻类（*Erythrodermis*-phase）的四分孢子体世代，以及在雌配子体上发生的二倍体的果孢子体世代（Silva and DeCew，1992；Masuda，1993；Masuda et al.，1997）。

当前，多数最新的研究聚焦在扇形拟伊藻中多糖成分的结构特性研究（Kravchenko et al.，2014；Pereira and van de Velde，2011）、活性成分提取、群感效应抑制剂的提取和纯化（Kim et al.，2007，2008；Liu et al.，2008）及利用 DNA 条形码标签（DNA barcoding techniques）（Zhao et al.，2013）或者转录组测序技术（transcriptome sequencing）开展的分子系统学相关研究（Wu et al.，2014）。而对于其生活史特征，尤其是四分孢子体的早期发育过程的特点知之甚少。

扇形拟伊藻蛋白质含量丰富，也可作为琼脂和卡拉胶的来源植物，且富含多种具有明显抑菌活性的生物活性物质，因而被认为是一种具有较高产品附加值，具有较好开发潜力的经济海藻。目前，国内其野生生物量主要采自中低潮间带的岩石上，产量严重不足，不能满足庞大的市场需求。因而，急需开展相关的幼苗培育及人工养殖技术的开发，从而实现对扇形拟伊藻的规模化养殖，来解决供需矛盾（Glenn et al.，1996）。

而种苗培育和养殖技术的开发，离不开对其生活史特性和有性生殖过程的深入的跟踪监测和细节阐释。众所周知，海藻育苗除了可以利用无性繁殖手段外，还可以通过有性生殖育苗作为种苗培育的重要来源。在一些开发较早的红藻类群，如江蓠属和角叉菜属（*Chondracanthus*）（Levy et al.，1990；Destombe et al.，1993；Glenn et al.，1996；Mantri et al.，2009；Bulboa et al.，2010）中已有应用范例，通过收集其果孢子体中批量释放的肉眼可见的果孢子，进行室内育苗试验，将所得幼苗作为户外养殖的种苗来源。但目前针对扇形拟伊藻的果孢子的萌发及果孢子苗的培育尚未见报道，对于其生活史特征以及早期发育特点的研究很少，更缺乏对其早期生长特征的监控数据，严重影响了该经济藻种人工育苗技术的开发，阻碍了其规模化和产业化。

5.5 研究目的与意义

本研究选用一种经济褐藻鼠尾藻和 3 种大型红藻真江蓠、金膜藻、扇形拟伊藻作为实验材料，对其有性生殖幼苗的早期发育过程进行跟踪观察，尝试对其幼苗进行室内培养，并针对不同海藻初步摸索其早期培养的相关条件，探讨其早期发育及分化机制。本研究将进一步丰富 4 种海藻的繁殖生物学和生活史特征，并为扩充潜在的海藻人工养殖种质提供理论基础和实验依据，也为海藻的种苗培育开辟新的可能途径。

6　鼠尾藻有性生殖幼苗早期发育分化

鼠尾藻（*Sargassum thunbergii*）是我国沿海常见的一种重要的大型经济马尾藻。近年来，随着人们对其在水产养殖、环保、食品和医药领域应用价值的深入了解，对其市场需求量飙升，野生资源逐渐难以满足开发利用的需要，人工养殖变得越来越重要。种苗来源是制约鼠尾藻人工养殖业发展的瓶颈之一。有性生殖育苗是获得种苗的一种新途径，但其所需培养条件和技术参数尚未摸清。一种新的种苗培育技术的确立需要详尽而准确地了解和把握其繁殖生物学和生活史特征以及早期生长和发育分化特性。

本章对不同光照、温度条件下鼠尾藻的早期发育过程进行了形态学跟踪观察，并尝试对其有性生殖幼苗进行室内培养，完成了对其早期发育分化过程和生长特点的系统跟踪监测，期望为其种质种苗培育技术的开发提供基础实验数据和参考依据。

6.1　材料和方法

6.1.1　材料采集及室内预培养

2006 年初春作者开始留意并定期对青岛汇泉湾鲁迅公园（北纬 36°04′，东经120°21′）潮间带自然生长的鼠尾藻群落（图 6.1A、图 6.1B）进行考察，待鼠尾藻长出生殖托以后，于 2006 年 7 月中旬前往采集健康的鼠尾藻雌雄藻株作为生长发育情况实验材料。在野外进行简单清洗，去除掉附着的小钩虾、贻贝、竹节虫和海蚯蚓等小动物，然后带回实验室，仔细刷掉其表面的其他附生物，再用过滤消毒的海水彻底清洗。

用解剖刀切取藻体顶端长 6～8 cm 的带有生殖托的分枝（图 6.1C、图 6.1D），转入 6 只装有 1000 mL 消毒海水的玻璃方杯（10 cm×10 cm×12 cm）中进行预培养，每个玻璃方杯中放入 4 个雌株分枝和 2 个雄株分枝进行混合培养（图 6.1E）。预培养的光温条件为：20℃，40 μmol photons/（m^2·s）和 12 h/12 h（光/暗）的光周期。在培养过程中每天早晚各换水一次，并进行充气。每天定期取样镜检其生殖托的成熟情况和动态，直至雌生殖托开始排卵或者出现挂苗现象。5～6 h 后，可用灭过菌的镊子摇动藻体，使受精卵或幼苗脱落后黏附于玻璃方杯底部的载玻片上（图 6.1F）。此间密切关注鼠尾藻的精子和卵子的释放排出、精卵的结合受精以及受精卵逐渐发育成幼苗的过程。

图 6.1　鼠尾藻的生境、形态和室内培养

A、B. 鼠尾藻的生活环境；C. 具有生殖托的雄性藻株；D. 具有生殖托的雌性藻株；

E. 雌雄藻体分枝混合培养于装有消毒海水的玻璃方杯；

F. 藻体移除后，黏附在玻璃方杯底部载玻片上的受精卵或幼苗

Figure 6.1　Environment，morphology and culture of *S. thunbergii*

A, B. environment of *S. thunbergii*; C. male frond with receptacles; D. female frond with receptacles; E. culture of
branchlets with male and female receptacles; F. coherence of eggs or germlings after removing of the branchlets

6.1.2　鼠尾藻幼苗早期发育过程的形态学观察

在显微镜（Nikon Eclipse 50i）或者解剖镜下观察鼠尾藻生殖托的外形及其表面结构，以及幼苗的早期发育过程中的形态变化，并利用同步的数码相机（Photometrics Cool Snap）拍照记录下来。选择在 20℃ 和 44 µmol photons/（m^2·s）条件下培养的幼苗为主要的形态观察对象。

6.1.3　光温培养实验中幼苗的培育

观察到排卵或挂苗现象 5～6 h 后，用灭菌过的镊子夹住鼠尾藻藻体的分枝，在盛有消毒海水的烧杯内摇动，促使黏附的卵或者幼苗脱离生殖托，然后，将藻体材料从烧杯中取出，得到含有鼠尾藻受精卵或者幼苗的悬液。收集各个烧杯的悬液，混匀后，均分入 30 个装有过滤消毒海水的培养皿（60 mm×15 mm）中，

将培养皿放入低温低光条件下［10℃，18 μmol photons/（m² · s）］培养 2 天，使鼠尾藻幼苗的生长趋向同步化，同时抑制其他藻类的生长。大约每个培养皿中附着 100 株鼠尾藻幼苗，附着密度为每个 100× 的显微镜视野下 5～10 个幼苗。最后，将培养皿转入不同光温条件的培养箱中分别培养。

6.1.4　幼苗生长实验中温度、光照强度及光质的设置

4 个 GXZ 型智能培养箱（宁波江南仪器制造厂）用于培养皿中鼠尾藻幼苗的继续培养，培养基质为经过滤、消毒的海水。在每个光温组合的条件下放置两个培养皿。所有的温度、光照和光质培养的光周期条件均为 12 h/12 h（光/暗）。在光强 88 μmol photons/（m² · s）条件下设置 4 个温度梯度，即 10℃、15℃、20℃、25℃（实验 1）。在常温条件（25℃）下设置 4 个光强梯度，即 9 μmol photons/（m² · s）、18 μmol photons/（m² · s）、44 μmol photons/（m² · s）、88 μmol photons/（m² · s）（实验 2）。

不同光质的布设中，蓝光通过蓝光发光二级管建立光场，白光光源采用日光灯管（飞利浦，8 W）。培养的光周期条件均为 12 h/12 h（光/暗）。在相同的温度（10℃）、光强［73 μmol photons/（m² · s）］条件下设置白光和蓝光两种光质（实验 1）。由最大波长不超过 470 nm 的发光二级管提供蓝光，而白光的光源是 4 个功率为 8 W 的日光灯管。培养实验的具体参数见表 6.1。培养用的海水取自青岛第一海水浴场，经黑暗沉淀，滤纸过滤，煮沸消毒 10 min 冷却后置于低温（4℃）暗处保存，可随时取用。培养介质每 3 天更换一次。

表 6.1　温度和光强对鼠尾藻幼苗早期生长影响的实验设计

Table 6.1　Culture regimes used to investigate the influence of temperature and irradiance on germlings of *S. thunbergii* growth

培养条件	实验 1 （温度变量）	实验 2 （光照强度变量）	实验 3 （光质变量）
温度/℃	10、15、20、25	25	10
光照强度/ ［μmol photons/（m² · s）］	88	9、18、44、88	73（蓝光） 73（白光）
光周期	12 h/12 h（光/暗）	12 h/12 h（光/暗）	12 h/12 h（光/暗）
各培养条件下 幼苗的数量/株	约 200	约 200	约 300
培养介质	消毒海水	消毒海水	消毒海水
培养周期	8 周	8 周	8 周

通过测量不同培养条件下鼠尾藻幼苗的长度变化来衡量幼苗的生长状况，在带有目微尺的显微镜或解剖镜下进行测量，时间间隔为每周一次，幼苗长度的测量不包括假根。在每个培养条件的培养皿中，随机抽取 50 个幼苗进行长度测量，取平均值。

6.1.5　数据处理

不同温度和光照强度下得到的鼠尾藻幼苗的长度变化数据，通过单因素方差分析（One-way ANOVA）及 Tukey 多重比较方法来进行统计分析；而不同光质，即蓝光和白光培养条件下幼苗生长差异的统计分析，通过 Student's t 检验完成。统计分析运算过程通过统计软件 SPSS 实现，显著性水平为 $P < 0.01$，获得的数据记录为平均值±标准差。

6.2　结　　果

6.2.1　鼠尾藻有性生殖过程的形态学观察

鼠尾藻藻体呈暗褐色，圆盘状固着器上生一条主干，主干顶端长出 10～20 条初生分枝（图 6.2A），其上生有次生分枝，充分发育的初生分枝的长度可达 50 cm 以上（图 6.2B）。每条初生分枝上的次生分枝数量差别也较大，在其上有生殖枝的发育。

图 6.2　鼠尾藻的植株形态

A. 鼠尾藻幼嫩藻体，具少数短的初生分枝；B. 鼠尾藻初生分枝充分发育，可超过 50 cm

Figure 6.2　Morphology of *S. thunbergii* fronds

A. young fronds with developing primary branches; B. old fronds with developed primary branches over 50 cm

鼠尾藻雌雄异株，生殖枝上生殖托数量不等，一般为 1～3 个，多者可达 6～7 个，雌雄生殖托长度差别较大，雌托长度大多为 3～5 mm，雄托长度为 8～14 mm，较雌托形状粗短；着生状态有的单生，有的丛生（图 6.3A、图 6.3B）。青岛海区的鼠尾藻群落的生殖托在 7 月中旬发育趋近成熟，其成熟的生殖托表面在解剖镜下观察可见，雄托上的生殖窝相对比较稀疏（图 6.3A），每个生殖托上有 80～100个生殖窝，窝孔直径为 80～120 μm，雌托的生殖窝相对比较密集（图 6.3B），但数量较雄托为少，每个生殖托上有 50～90 个生殖窝，窝孔直径较大，为 150～200 μm。生殖托上部的窝孔直径较基部略小，但密度要大于基部。生殖托成熟时，雄性生殖托的生殖窝孔排出白色黏液（图 6.3C），在表面形成明显的小凸起（图 6.3D），在合适的条件下，精子就由生殖窝孔经过这些黏液排出到水体中（图 6.3E）；雌托表面往往可以看到黏附的卵或幼苗（图 6.3F）。

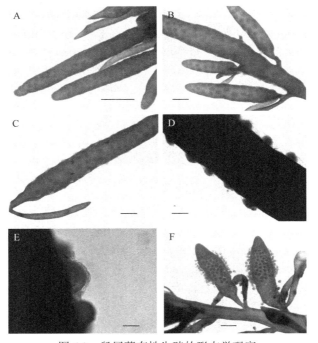

图 6.3　鼠尾藻有性生殖的形态学观察

A. 丛生的雄性生殖托，示生殖窝的数量、分布和大小，bar＝1 000 μm；B. 未排卵的雌性生殖托具多个分枝，示生殖窝的数量、分布和大小，bar＝500 μm；C. 精子排放前，雄性生殖托经生殖窝孔排出大量黏液，bar＝500 μm；D. 黏液在雄性生殖窝孔形成明显的凸起，bar＝150 μm；E. 精子经生殖窝孔自黏液中排出，bar＝75 μm；F. 黏附在雄性生殖托表面的卵或幼苗，bar＝500 μm

Figure 6.3　Observation of sexual reproduction of *S. thunbergii*

A. male receptacles in cluster showing characteristics of conceptacles, bar = 1 000 μm; B. female receptacles with multiple branches showing characteristics of conceptacles, bar = 500 μm; C. fertile male receptacles with mucilage shedding from conceptacles before shedding of spermatozoa, bar = 500 μm; D. protuberance from mucilage on the surface of male receptacles, bar = 150 μm; E. shedding of spermatozoa from conceptacles, bar = 75 μm; F. eggs or germlings adhered to the surface of female receptapcle, bar = 500 μm

6.2.2　鼠尾藻幼苗发育过程的形态学观察

6.2.2.1　受精及合子分裂

混合培养的鼠尾藻雌雄生殖枝在预培养条件下培养一周后，卵从雌生殖托表面的生殖窝排出，黏附在生殖窝表面，形成独特的挂卵现象（图 6.3F），未受精的卵具有多个细胞核，散生在细胞质中（图 6.4A）。

精子从雄性生殖托的生殖窝孔排出，借助鞭毛的摆动，游向卵细胞并与之结合形成合子，合子只在细胞质的中央保留一个较大的核（图6.4A、图6.4B）。如果释放的卵没能完成受精作用，将逐渐失去生活力，明显的特征是，发生色素的降解，在3天以后多数卵逐渐降解消失（图6.4C、图6.4D）。

多数受精卵在受精后的1～2 h内，发生第一次横向细胞分裂，外形上看，一端钝圆，一端稍尖（图6.4E、图6.4F）。稍尖的一侧进行第二次横向不均等分裂，形成一个顶部的体细胞和一个基部的假根原细胞。此后顶部的体细胞通过多次分裂形成多细胞的胚孢子体。在此过程中，通常基部细胞为一个，因而形成的鼠尾藻胚孢子体形状呈梨形（图6.4E、图6.4F）。

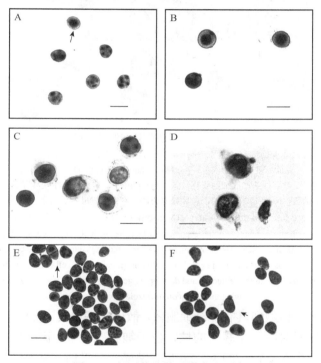

图 6.4 鼠尾藻幼苗早期发育观察

A. 新释放的卵，具有多个细胞核，不包括箭头所示细胞，bar＝200 μm；B. 受精后的卵（含A图中箭头所示），仅在中央具有一个大核，bar＝200 μm；C. 未受精的卵，核逐渐消失，色素变淡，bar＝200 μm；D. 未受精的卵3天后开始解体，bar＝200 μm；E. 发育中的受精卵，示各种各样的细胞分裂（箭头所示为受精卵的第一次分裂），bar＝200 μm；F. 发育中的受精卵，开始形成假根的小突起（箭头所示），bar＝200 μm

Figure 6.4   Early development observation of *S. thunbergii*

A. unfertilized eggs (with multiple nuclei) freshly released from the conceptacles of the female receptacle (arrow showing a fertilized egg with a big nucleus in the center), bar = 200 μm; B. fertilized eggs (with a big nucleus in the centre) released to the culture medium, bar = 200 μm; C. nuclei and pigments of unfertilized eggs are disapear, bar = 200 μm; D. unfertilized eggs begin to disintegrate 3 days later, bar = 200 μm; E. developing fertilized eggs showing diverse of cell divisions (arrow showing the first cell division) , bar = 200 μm; F. fertilized eggs is developing into the germlings with the bourgeon of rhizoids, bar = 200 μm

对此阶段发生的具体发育分化过程，通过图 6.5 总结展示。鼠尾藻材料在预培养一周以后，观察到有卵从雌生殖托表面的生殖窝排出（图 6.5A），卵的排放通常发生在凌晨，多数的受精作用发生在 24 h 之内。未受精的卵通常黏附在生殖窝孔的外侧等待受精，受精卵或幼苗也往往黏附在生殖托表面 10～24 h 才会自然脱落，有的甚至需要 2～3 天，从生殖托表面脱落前已萌发出明显的假根（图 6.5 B）。

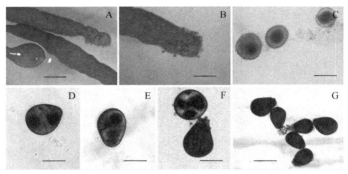

图 6.5　鼠尾藻幼苗早期发育梗概

A. 卵从雌性生殖托表面的生殖窝排出，bar＝1 000 μm；B. 受精卵或幼苗黏附在雌性生殖托表面，bar＝600 μm；C. 释放到培养介质中的 3 个受精卵，bar＝135 μm；D. 受精卵的第一次细胞分裂，bar＝100 μm；E. 受精卵的第二次细胞分裂，bar＝100 μm；F. 未受精的卵（具有多个细胞核）和发育中的小幼苗，bar＝100 μm；G. 自然释放的幼苗，可见假根的小突起，bar＝165 μm

Figure 6.5　Sketch of early development of *S. thunbergii* germlings

A. eggs released from the conceptacles on the receptacle surface, bar = 1 000 μm; B. eggs or germlings adhered to the surface of the female receptacle, bar = 600 μm;C. three fertilized eggs released to the culture medium, bar = 135 μm; D. the first cell division of fertilized eggs, bar = 100 μm; E. the second cell division of fertilized eggs, bar = 100 μm; F. unfertilized eggs (with multiple nuclei) and developing germlings, bar = 100 μm; G. naturally shed germlings. showing the bourgeon of rhizoids, bar = 165 μm

新释放的未受精的卵具有多个细胞核，散生在细胞质中（图 6.5F），受精作用完成后，受精卵只具有一个较大的核，位于细胞质的中心区（图 6.5C）。受精卵的第一次分裂发生在受精后的 1～2 h 后，是横向的平均分裂，受精卵发育成为具有两个细胞的幼苗。幼苗具有极性，外形上看，一端钝圆，一端稍尖（图 6.5D）。受精卵的第二次分裂是横向的不均等分裂，发生在小幼苗形状稍尖的一侧（图 6.5E），形成了一个体细胞，一个假根原细胞。上部的细胞通过后续各种各样形式的细胞分裂，在第一次细胞分裂发生的 5～6 h 后，形成了一个具有多列细胞的胚孢子体，同时，假根原细胞向下萌发形成 3～8 个小突起，这些突起是假根的雏形。此时得到了鼠尾藻幼苗，其形状接近梨形（图 6.5F、图 6.5G）。

6.2.2.2　假根的形成

鼠尾藻幼苗早期生长如图 6.6 所示。当胚孢子体生长发育到十几列细胞时，位于基部的假根原细胞开始分裂形成多个突起（图 6.6A）；大约 2 天后，这些突起形成长度相当于幼孢子体的假根（图 6.6B）；假根的数目不定，多数为 8～10 条，有的甚至在 10 条以上。假根的产生标志着完整孢子体的形成，此时的藻体已经具有较强的固着能力，可以抵抗水流的冲刷。

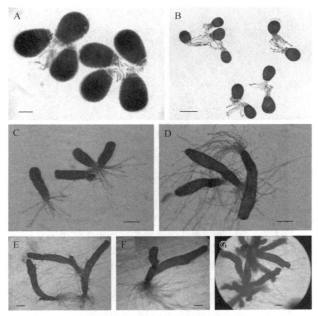

图 6.6　鼠尾藻幼苗早期生长观察

A. 具有多个假根小突起的鼠尾藻幼苗，bar＝50 μm；B. 在 20℃，44 μmol photons/（m² · s）光温条件下培养 2 天的鼠尾藻幼苗，示假根的生长，bar＝200 μm；C. 培养 2 周后的鼠尾藻幼苗，bar＝260 μm；D. 培养 3 周后的鼠尾藻幼苗，示幼苗及假根长度的增加，bar＝260 μm；E. 培养 4 周后的鼠尾藻幼苗开始形成小的分枝和数量较多的丝状体，bar＝300 μm；F. 具有分枝和丝状体的幼苗，示小分枝的生长，bar＝200 μm；G. 培养 5 周后得到的鼠尾藻幼苗，长度为 1.5～2 mm，bar＝400 μm

Figure 6.6　Growth obervation of germlings of *S. thunbergii*

A. young germlings with the bourgeons of rhizoid, bar = 50 μm; B. young germlings cultured for 2 days under 20℃, 44 μmol photons/(m² · s) conditions, showing length of rhizoids, bar = 200 μm; C. young germlings cultured in 2 weeks, bar = 260 μm; D. developing germlings after 3 weeks, showing length increase, bar = 260 μm; E. branchlet and some filaments differentiated from the developing germlings cultured in 4 weeks, bar = 300 μm; F. young germling with branchlet and filaments, showing the length increase of branchlet, bar = 200 μm; G. young germlings 1.5-2 mm in length cultured in 5 weeks, bar = 400 μm

6.2.2.3　幼苗的生长

在培养的过程中，随着培养时间的延长，幼苗生长显著，其长度和假根的长度都增加（图 6.6C～E）；3 周后，幼苗开始出现分枝（图 6.6E、图 6.6F）；4 周后，观察到在鼠尾藻幼苗的顶端或侧面有数量较多的丝状体出现（图 6.6E～G），丝状体一般由单列的长柱状细胞组成；5 周后，鼠尾藻幼苗的长度可以达到 1.5～2 mm（图 6.6G）。

在不同培养条件，如不同温度、光照强度或不同光质条件下，培养 5 周后的幼苗，存在一些形态上的差别（图 6.7），主要表现在幼苗的长度和假根的数量等方面。

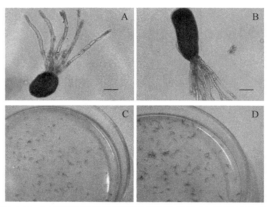

图 6.7　不同培养条件下鼠尾藻幼苗生长状况的比较

A. 蓝光 [10℃，73 μmol photons/（m² · s）] 条件下培养 5 周的鼠尾藻幼苗，bar＝100 μm；B. 白光 [10℃，73μmol photons/（m² · s）] 条件下培养 5 周的鼠尾藻幼苗，bar＝100 μm；C. 10℃，44 μmol photons/（m² · s）条件下培养 8 周的鼠尾藻幼苗；D. 25℃，44 μmol photons/（m² · s）条件下培养 8 周的鼠尾藻幼苗

Figure 6.7　Comparison of growth of *S. thunbergii* germlings under different culture conditions

A. *S. thunbergii* germlings cultured under blue light [10℃, 73 μmol photons/ (m² · s)] for 5 weeks, bar = 100 μm; B. *S. thunbergii* germlings cultured under white light [10℃, 73 μmol photons/ (m² · s)] for 5 weeks, bar = 100 μm; C. *S. thunbergii* germlings cultured under 10℃ and 44 μmol photons/(m² · s) for 8 weeks; D. *S. thunbergii* germlings cultured under 25℃ and 44 μmol photons/ (m² · s) for 8 weeks

从假根萌发到幼苗生长的过程总结见图 6.8。假根的小突起生长迅速，约 24 h 后，假根的长度可以和幼孢子体的长度相当（图 6.8A）。幼苗在发育过程中，假根的数目是变化的，多数最终形成 8 条或者 10 条假根（图 6.8B）。随着培养的延续，幼苗的长度和假根的长度都会增加（图 6.8D～F）；培养 3 周后，有些幼苗开始分枝，并分化出小叶（图 6.8F）；培养 5 周后，鼠尾藻幼苗的长度可达 1.5 mm（图 6.8G）。培养 8 周后，在 25℃，44 μmol photons/（m² · s）光照强度下，可获得长度达 2～3 mm 的鼠尾藻幼苗，且具有 1～2 个小叶。

另外，在培养 2 周后，大量的丝状体出现在幼苗的顶端或侧面（图 6.8C、图 6.8E、图 6.8F），丝状体由单列的长柱状细胞组成（图 6.8C）。

另外，相同光强条件下，与白光相比较，蓝光明显不能满足幼苗的生长需求（ANOVA，$P<0.01$）。分别在蓝光和白光条件下培养 5 周后，鼠尾藻幼苗形成了鲜明对比（图 6.8H、图 6.8I）。

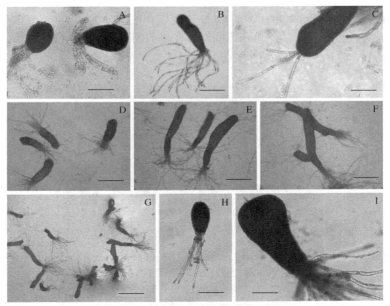

图 6.8　鼠尾藻幼苗早期生长过程

A. 释放 3 天后具有假根的鼠尾藻幼苗，bar = 165 μm；B. 在 20℃，44 μmol photons/(m² · s) 光照强度下培养 1 周后的鼠尾藻幼苗，展示假根的数目，bar = 150 μm；C. 鼠尾藻幼苗末端的放大，展示丝状体的结构，bar = 150 μm；D. 培养 2 周后的鼠尾藻幼苗，bar = 720 μm；E. 培养 3 周后的鼠尾藻幼苗，展示其长度的增加和丝状体的出现，bar = 720 μm；F. 培养 4 周后的鼠尾藻幼苗产生的小分枝，bar = 720 μm；G. 培养 5 周后的鼠尾藻幼苗长度可达 1.5～2 mm，bar = 1 050 μm；H. 在蓝光，10℃，73 μmol photons/(m² · s) 光照强度下培养 5 周的鼠尾藻幼苗，bar = 250 μm；I. 在白光，10℃，73 μmol photons/(m² · s) 光照强度下培养 5 周的鼠尾藻幼苗，bar = 150 μm

Figure 6.8　Early growth of *S. thunbergii* germlings

A. young germlings with rhizoids on 3 day after released, bar = 165 μm; B. young germling cultured for one week under 20℃, 44 μmol photons/(m² · s) conditions, showing number of rhizoids, bar = 150 μm; C. magnification of the distal part of germling, showing the structure of filaments, bar = 150 μm；D. young germlings cultured in 2 weeks, bar = 720 μm; E. developing germlings after 3 weeks, showing length increase and filaments, bar = 720 μm; F. branchlet differentiated from the developing germlings cultured in 4 weeks, bar = 720 μm; G. young germlings 1.5～2 mm in length cultured in 5 weeks, bar = 1 050 μm; H. young germling cultured under blue light at 10℃, 73 μmol photons/ (m² · s) for 5 weeks, bar = 250 μm; I. young germling cultured under white light at 10℃, 73 μmol photons/ (m² · s) for 5 weeks, bar = 150 μm

6.2.3　温度对鼠尾藻幼苗早期生长的影响

温度变化对鼠尾藻幼苗生长的影响，利用在培养第 1 周和第 8 周后所得的幼苗长度的测量数据以及鼠尾藻幼苗生长量（以长度的增加量表示）进行评估，结果如图 6.9、图 6.10 所示。

在幼苗培养第 1 周，通过长度测量及 ANOVA 分析发现，温度的变化显著影响幼苗的生长（图 6.9），无论在低光强 9 μmol photons / (m² · s)（$F = 50.90$，$P < 0.01$）还是高光强 88 μmol photons / (m² · s) 条件下（$F = 122.28$，$P < 0.01$）。在 10～25℃的温度范围内，幼苗的长度随着温度的升高而增加，最大值均出现在 25℃条件下，分别

为 1 283 μm［88 μmol photons /（$m^2 \cdot s$）］和 510 μm［9 μmol photons /（$m^2 \cdot s$）］。在高光强下，各温度梯度下的幼苗长度间均存在显著的差异，而在低光强下，较高的温度即 20℃和 25℃下培养的幼苗生长差异不显著，其余各个温度梯度之间差异显著。

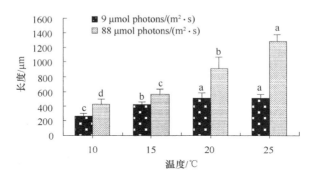

图 6.9　温度对分别在 9 μmol photons/（$m^2 \cdot s$）和 88 μmol photons /（$m^2 \cdot s$）光照条件下培养
1 周后的鼠尾藻幼苗长度的影响

数据为平均数±标准差；差异显著性用不同的字母表示（$P < 0.01$）

Figure 6.9　Effects of temperatures on the length of germlings cultured under irradiance
of 9 μmol photons/（$m^2 \cdot s$）and 88 μmol photons /（$m^2 \cdot s$）for one week

values are means ± SD; statistical significances are indicated by

letter superscripts（$P < 0.01$）

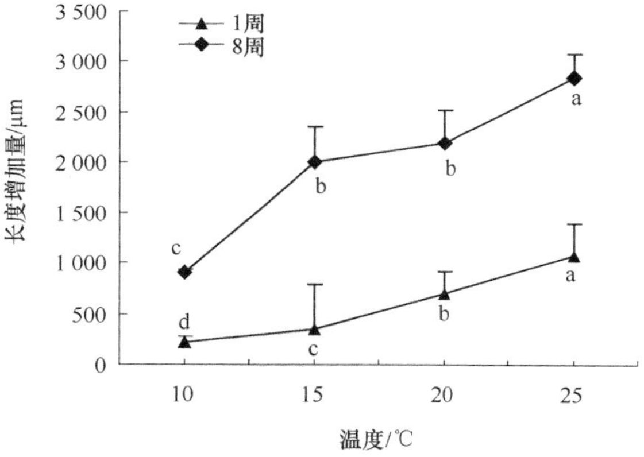

图 6.10　温度对培养 1 周和 8 周鼠尾藻幼苗生长的影响

数据为平均数±标准差；差异显著性用不同的字母表示（$P < 0.01$）

Figure 6.10　The growth of *S. thunbergii* germlings after

1 week and 8 weeks at different temperatures

values are means ± SD; statistical significances are indicated by letter superscripts（$P < 0.01$）

另外，对第 1 周和第 8 周的相对幼苗生长（increase in length）进行了测量和计算，揭示出温度差异对相对生长的影响（图 6.10）。ANOVA 分析发现，无论在幼苗培养的第 1 周后（$F = 122.28$，$P < 0.01$）还是第 8 周后（$F = 108.32$，$P < 0.01$），

在光照强度 88 μmol photons/(m² · s)下设置的温度梯度（10℃、15℃、20℃、25℃）对鼠尾藻幼苗生长有显著影响，幼苗的生长随着温度的升高而增加；幼苗的相对生长在 10～15℃呈现线性增加，而在 15～25℃，其长度增加趋势较为缓慢。而在培养 8 周以后，较高的温度梯度，即 15℃和 20℃下的幼苗生长差异不显著（Tukey，$P > 0.01$），其余各个温度梯度之间差异显著。并且，高光强和低光强条件下，温度对幼苗相对生长的影响趋势大致相同。

6.2.4　光强对幼苗生长的影响

在室温 25℃条件下不同的光照强度 [9 μmol photons/(m² · s)、18 μmol photons/(m² · s)、44 μmol photons/(m² · s)、88 μmol photons/(m² · s)] 对鼠尾藻幼苗生长的影响，与对温度影响的评估在相同的时间进行，即培养的第 1 周后和第 8 周后。通过对幼苗长度的测量和长度增加的计算进行评估。

在第 1 周的培养中，幼苗的长度随着光强的增强[9 μmol photons/(m² · s)、18 μmol photons/(m² · s)、44 μmol photons/(m² · s)、88 μmol photons/(m² · s)]而增加。ANOVA 分析表明，无论在 20℃（$F=23.25$，$P < 0.01$）还是在 25℃（$F=199.95$，$P < 0.01$）条件下，光强对幼苗的生长均有显著影响（图 6.11）。最大幼苗长度在 88 μmol photons/(m² · s)的高光强条件下。25℃条件下，各光强下幼苗长度间均存在显著差异，在 20℃条件下，大多数光强下的幼苗长度之间呈现差异显著，仅在较低的光强下 [9 μmol photons/(m² · s)和 18 μmol photons/(m² · s)，以及 18 μmol photons/(m² · s)和 44 μmol photons/(m² · s)] 幼苗生长差异不显著。

幼苗在所有的 4 个光强梯度条件下 [9～88 μmol photons/(m² · s)] 均可持续生长。在第 1 周的培养中，幼苗的长度增加量随着光照强度在 9～88 μmol photons/(m² · s)的梯度范围内的增强而相应增加。ANOVA 分析结果显示，光照强度对幼苗的长度增加量有显著性的影响（$F=43.25$，$P < 0.01$）。这种由不同光照强度引起的幼苗生长的差异在培养 8 周后更加明显（$F=195.45$，$P < 0.01$），然而，幼苗长度的增加量并不完全伴随光照强度的增加而增加 [如 44 μmol photons/(m² · s)和 88 μmol photons/(m² · s)光照强度下]。在培养 1 周后，幼苗长度增加的最大值为（1083±322）μm [88 μmol photons/(m² · s)光照强度下]，所有的光照强度条件下的幼苗生长呈现显著差异（Tukey，$P < 0.01$）。培养 8 周后，在 44 μmol photons/(m² · s)光照强度下出现幼苗长度增加的最大值，为（3 065±427）μm。在相对较低的光照强度条件下，即 9 μmol photons/(m² · s)和 18 μmol photons/(m² · s)下的幼苗生长差异不显著（Tukey，$P > 0.05$），而高光照条件 88 μmol photons/(m² · s)下，其相对生长速率减慢，与 44 μmol photons/(m² · s)下的幼苗生长形成显著差异（图 6.12）。

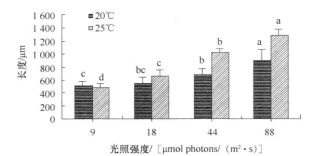

图 6.11　光照强度对分别在 20℃和 25℃培养 1 周后的鼠尾藻幼苗生长的影响

数据为平均数±标准差；差异显著性用不同的字母表示（$P<0.01$）

Figure 6.11　Effect of irradiance intensities on length of germlings under
20℃ and 25℃ cultured for a week

values are means ± SD; statistical significances are indicated by letter superscripts ($P<0.01$)

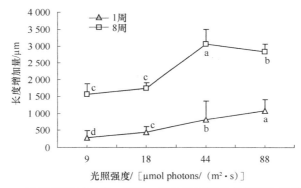

图 6.12　光照强度对培养 1 周和 8 周的鼠尾藻幼苗早期生长的影响

数据为平均数±标准差；差异显著性用不同的字母表示（$P<0.01$）

Figure 6.12　The growth of *S. thunbergii* germlings after 1 week and
8 weeks under different irradiance levels

values are means ± SD; statistical significances are indicated by letter superscripts ($P<0.01$)

6.2.5　光质对幼苗生长的影响

　　蓝光和白光对鼠尾藻幼苗生长的影响，通过在培养的第 1 周、第 5 周和第 8 周对幼苗长度和长度增长量进行测量和统计加以评估（图 6.13、图 6.14）。对实验得到的 6 组长度数据进行 t 检验，发现相同光强条件下，与白光相比较，蓝光明显不能满足幼苗的生长需求（ANOVA，$P<0.01$）。分别在蓝光和白光条件下培养 5 周后，鼠尾藻幼苗形成了鲜明对比（图 6.8H、图 6.8I）。培养 8 周后，在蓝光和白光下，幼苗的平均长度分别为 436 μm 和 1108 μm。另外，在蓝光条件下，培养 5 周和 8 周的幼苗长度无显著性差异，表明幼苗在蓝光下的

生长速率较低（约 1 μm/d）。

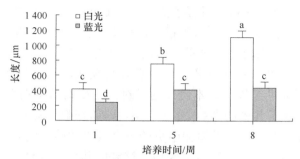

图 6.13　白光和蓝光对培养在 10℃，73 μmol photons/（m² · s）
条件下鼠尾藻幼苗生长的影响

数据＝平均数±标准差；显著性差异用不同的字母表示（$P<0.01$）

Figure 6.13　Effect of white light and blue light on the length of
germlings cultured under 10℃，73 μmol photons/（m² · s）

values are means ± SD; statistical significances are indicated by letter superscripts ($P<0.01$)

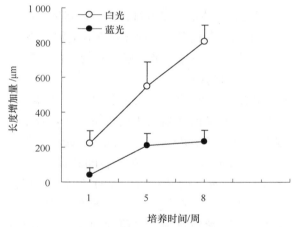

图 6.14　白光和蓝光在培养 1 周、5 周和 8 周后对培养在 10℃，
73 μmol photons/（m² · s）条件下鼠尾藻幼苗相对生长的影响

数据为平均数±标准差

Figure 6.14　Effect of white light and blue light on the relative growth of germlings
cultured under 10℃，73 μmol photons/（m² · s）after 1 week, 5 and 8 weeks

values are means ± SD

6.3　讨　　论

对鼠尾藻开展的尝试性的人工养殖实验表明，筏式养殖鼠尾藻是可行的。其
种苗的来源主要有两种途径：利用其固着器再生的小幼苗，或采集野生的鼠尾藻

幼苗（邹吉新等，2005；原永党等，2006）。另外，通过有性生殖获得幼苗的方法已经在羊栖菜和无肋马尾藻中进行了探索（Pang et al.，2005，2006；Hwang et al.，2006），但应用于规模化育苗还未见报道，在鼠尾藻中也未见报道。

Inoh（1949）对来自墨角藻科（Fucaceae）的 22 个种的幼苗的早期发育进行了比较研究，归纳出了 6 种不同的幼苗发育模式，为该门类幼苗早期发育特征和途径的研究提供了借鉴。本研究通过对鼠尾藻幼苗早期发育的观察，认为其早期发育方式属于其中的"8 核 1 卵"型，即卵细胞具有的多个核中只有一个核将与精子结合，形成位于受精卵中央的一个较大的核（图 6.5C），同时，其他的核逐渐消失在细胞质中，然后由受精的核完成其后续发育过程中的核分裂。

幼苗发育早期形成假根细胞的早期分裂特征类似于厚叶马尾藻（*S. crassifolium*）和羊栖菜。在发育过程中，假根的数目是不固定的，为 5～10 条，最终多数具有 8 条或者 10 条假根。在实验室条件下培养 8 周后，鼠尾藻的幼苗长度达到 2～3 mm，并且分化出 1～2 个幼叶。这在一定程度上证实了开展鼠尾藻有性生殖合子幼苗人工培育工作的可行性。

本研究中还观察到在鼠尾藻幼苗发育过程中有丝状体的出现（图 6.8C、图 6.8E、图 6.8F），萌生在小幼苗的上部较多，该现象仅在较高温度下发生，并发现机械损伤可增加丝状体的数量，我们推测这可能是鼠尾藻的一种类愈伤组织，对其形成原因及形成条件仍需要进一步的探讨。

目前为止，关于马尾藻类的幼苗生长和各种物理因素，如温度、盐分等之间的关系研究已有报道，但仅仅涉猎其中的 *S. echinocarpum*、*S. obtusifolium*、*S. oligocystum*（少囊马尾藻）、*S. polyphyllum*（De Wreede，1976；1978），以及来自太平洋的海黍子（*S. muticum*）（Norton，1977；Hales and Fletcher，1990）。Steen（2004）研究了盐分对 *S. muticum* 的繁殖和生长的影响，找到了其扩张在盐碱地区受到限制的原因：其生活史早期阶段对于盐分的要求构成了一个生理障碍，从而在盐分含量低的盐碱地区受到限制。本研究中调查了温度和光照强度及光质对鼠尾藻幼苗早期生长的影响，这将有利于理解鼠尾藻沿西北太平洋的分布特征，也将为鼠尾藻的人工养殖技术的开发提供有用的实验数据。

在 8 周的培养实验中，鼠尾藻幼苗对温度和光照条件具有较宽的耐受范围，在 10～25℃的温度，以及 9～88 μmol photons/（m² · s）的光照条件下均可生长。最适条件是 25℃和 44 μmol photons/(m² · s)。低温 10℃和高光强 88 μmol photons/(m² · s) 均对幼苗的生长有抑制作用。尽管温度（10℃、15℃、20℃、25℃）对培养一周的幼苗具有显著的影响（ANOVA，$P<0.01$），鼠尾藻幼苗仍属于适宜生长温度范围较宽（15～25℃）的种类。这与 Haraguchi 等（2005）的结论相一致。考虑到鼠尾藻幼苗的生长速度和其他杂藻种类之间的竞争，我们认为，20℃是幼苗在室内正常生长发育的最适温度。

一般说来，*Sargassum* 属的海藻具有较强的对外界环境因子的耐受和适应能力。在本研究中，尽管温度变量对早期幼苗（1 周）具有显著的影响，但后期这种影响显著性减弱；从整个发育过程来看，鼠尾藻幼苗对温度有很宽的耐受范围，这一特点和 Haraguchi 等（2005）对鼠尾藻分枝生长规律的研究得出的结论相一致。从鼠尾藻的分布特征来看，其从日本中部到中国东南沿海的潮间带区均有分布。因而，其天然条件下的成熟藻体具有较宽泛的温度耐受范围，冬季最低温度小于 5℃（日本海周围），夏季高温可达 25℃（我国福建沿海岛屿）。因而，本实验中发现鼠尾藻幼苗具有较宽的温度耐受范围也在料想之中。并且，鼠尾藻在夏季完成其有性生殖过程，这和其幼苗在较高的温度下生长状况较好相统一，这种繁殖季节和生长状况较好的自然条件相吻合的现象，在其他的马尾藻类海藻中也有报道（De Wreede，1978）。

无论是 20℃还是 25℃下，不同光强[9 μmol photons/（m^2·s）、18 μmol photons/（m^2·s）、44 μmol photons/（m^2·s）、88 μmol photons/（m^2·s）] 下培养一周的幼苗，其长度增长量差异显著（ANOVA，$P<0.01$），但在后续的 7 周的培养中，在 44 μmol photons/（m^2·s）下的幼苗生长增加显著。Hales 和 Fletcher（1989）对海黍子幼苗生长的研究中有相似报道。较低光强[9 μmol photons/（m^2·s）、18 μmol photons/（m^2·s）]对鼠尾藻幼苗的相对生长无显著影响，高光强[88 μmol photons/（m^2·s）] 对幼苗的生长有抑制作用。

由于鼠尾藻是一种典型的潮间带海藻，因而该研究中发现的高光照强度[88 μmol photons/（m^2·s）] 对鼠尾藻幼苗的早期生长有不利影响有些让人吃惊，但考虑到鼠尾藻常常簇生，在底部形成荫蔽的环境，其下生长的幼苗可以避开阳光直射，也减少被其他生物摄食的概率，本实验中鼠尾藻幼苗对光照强度的需求就和这一点相吻合。

本实验发现，蓝光对鼠尾藻幼苗生长有明显的阻碍作用（图 6.7A、图 6.7B），反映了光质在该海藻发育过程中的重要性。不同光质对褐藻生长和发育的影响已有报道，尤其是对海带配子体生长和发育的影响方面研究较多（Lüning and Dring，1972，1975；Lüning and Neushul，1978；Shi et al.，2005）。但对马尾藻的相关研究报道较少。本研究中，通过蓝光发光二级管，实现了单质蓝光对鼠尾藻幼苗生长影响的观察，与同样光强 [73 μmol photons/（m^2·s）] 下的白光对比，蓝光明显不能满足其幼苗早期的生长需求（图 6.8H、图 6.8I）。尽管其背后隐藏的机制还不清楚，我们推测这种现象是具有物种特异性的，并且光源的设置和光照强度的选择也会对其有一定影响，因而需要设计包括不同光照强度、光质条件的更为详尽的实验加以深入研究。

总之，本研究展示了将来鼠尾藻养殖中采用有性生殖育苗技术获得人工合子幼苗来补充苗源的可行性，关于其最适的光照和温度条件的摸索仍然需要继续进行，尤其需要在规模化的人工养殖中进一步检验和探索此种技术的实用性。

7　真江蓠果孢子幼苗早期发育分化

江蓠属海藻富含藻胶和多种活性物质，在工业、农业和医药业具有广泛的应用价值，是优质的栽培品种来源。目前，针对江蓠属的研究主要集中在分子系统学、繁殖生物学、基因工程改良和人工养殖技术方面，养殖方式仍以传统方式为主。虽有室内孢子育苗的尝试，但是尚有很多的关键技术问题没有解决，利用江蓠的类愈伤组织诱导成苗逐渐成为研究热点。

本章在实验室条件下对真江蓠果孢子的早期发育过程进行了研究，细致地描绘真江蓠正常早期发育的特征和一些新的早期发育现象，并且尝试利用其早期发育过程中出现的丝状体作为类愈伤组织，进行种苗培育实验。本研究探讨真江蓠早期发育的正常和特殊途径，以期为其有性生殖人工育苗技术开发提供理论基础。

7.1　材料和方法

7.1.1　材料收集及果孢子采集

真江蓠带有成熟囊果的雌配子体于 2005 年 7 月采自青岛太平湾海边（北纬 36°03′，东经 120°20′），由于其孢子体与配子体同形，未成熟时仅从外形上是无法辨认的。成熟的真江蓠孢子体与配子体可通过藻体表面孢子囊的大小形态进行辨认：成熟的真江蓠孢子体表面形成四分孢子囊，四分孢子囊较小，直径不足 0.5 mm，在藻体表面分布密集，凸起不明显；雌配子体表面形成囊果，囊果较大，直径可达 1～2 mm，凸起明显。

藻体表面用细毛刷轻轻刷洗，以去掉泥沙、杂藻及其他附生物，并用消毒海水彻底冲洗数次，然后置于室温条件下阴干 1 h，以刺激果孢子放散。选取带有囊果的小枝切成小段（2～3 cm），然后每 2～4 段转入一个培养皿（60 mm× 15 mm）中，加入足量灭菌海水，室温培养过夜，培养条件如下：28～30℃，38.50 μmol photons/（m^2·s）和 10 h/14 h（光/暗）的光周期，准备进行果孢子的采集。

7.1.2 培养用海水及 PES 培养基

培养用海水取自青岛第一海水浴场，经黑暗沉淀，滤纸过滤，煮沸消毒冷却后置于低温（4℃）暗处，随用随取。

使用时加入 PES 母液，PES 培养液组分及配比见表 7.1。

表 7.1 PES 培养液组分及配比

Table 7.1 The components of PES

组分	含量
消毒过滤海水	1 000 mL
$NaNO_3$	70 mg
五水甘油磷酸钠	10 mg
$Fe(NH_4)_2(SO_4)_2 \cdot 6H_2O$	3.5 mg
Na_2-EDTA	8 mg
H_3BO_3	5.7 mg
$FeCl_3 \cdot 6H_2O$	0.25 mg
$MnSO_4 \cdot H_2O$	0.82 mg
$ZnSO_4 \cdot 7H_2O$	0.11 mg
$CoSO_4 \cdot 7H_2O$	24 μg
$V_{B_{12}}$	2 μg
V_{B_1}	100 μg
生物素	1 μg
Tris buffer	100 mg
pH	7.8

7.1.3 主要仪器设备

GXZ 型智能培养箱（宁波江南仪器制造厂）；光学显微镜（Nikon Eclipse 50i，JNOEC XS-213）；数码相机（Photometrics Cool Snap，SONY DSC-H5）；量子光度计（LI-COR，LI-250，Nebraska）；日光灯管（飞利浦）。

7.1.4 果孢子的培养及镜检观察

真江蓠的果孢子在培养 24～72 h 内放散，附着于预先放入每个培养皿底部的 3～4 片盖玻片（10 mm×10 mm）表面，定时显微镜观察，待果孢子的附着密度达到每个视野（100×）30 个左右后，移除藻体材料。释放的果孢子在加富的消毒海水中培养。除了在培养初期间隔 5 天外，培养介质每 3 天更换一次，以利于果孢子的牢固附着。

7.2　结　　果

7.2.1　果孢子的正常发育过程

大约 60%的果孢子在释放并附着后的 2～4 h 内开始萌发。最初的一次分裂是横向的二分裂，随后各种方式的细胞分裂迅速进行，进入果孢子发育的早期分裂期。分裂使萌发的果孢子形成一个多细胞的结构，并且细胞排布有规则，形成一个明显的小基盘，作为固着结构，圆形或者椭圆形基盘的形成，标志着盘状体期的开始（图 7.1A）。通常，盘状体出现在果孢子附着培养的 8～10 天内。随着培养过程的延伸，盘状体的中心开始轻微的隆起，细胞分裂和生长迅速进行，培养 30 天后在 40%的盘状体上出现了 1 个或 2 个直立的小苗（图 7.1B、图 7.1C），即发育进入了幼苗期。并且，在发育过程中存在盘状体的粘连现象（图 7.1B）。

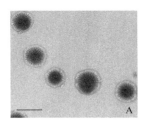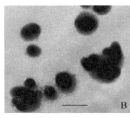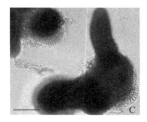

图 7.1　真江蓠果孢子的正常早期发育过程

A. 果孢子早期发育的盘状体阶段（着色深的细胞位于盘状体的中心，周围是半透明的胶质），bar＝100 μm；

B. 盘状体的粘连现象（直立幼苗突出于盘状体的表面），bar＝150 μm；

C. 两个直立幼苗出现在两个粘连的盘状体表面，bar＝75 μm

Figure 7.1　Normal development process of sporelings from carpospores of *G. asiatica*

A. the discoid crusts stage during the early development of sporelings from carpospores with pigmented cells located in the center and transparent colloid around the discoid crusts, bar = 100 μm; B. the coalescence of the discoid crusts and upright sporelings protuberated from the surface of discoid crusts, bar = 150 μm; C. two sporelings appeared from two coalescent discoid crusts, bar = 75 μm

7.2.2　果孢子的新发育途径

盘状体形成后，在其后续的发育过程中发现一个新的现象，即 1 条或 2 条丝状体出现于盘状体的边缘细胞，具有这种丝状体结构的盘状体占总数的 10%。丝状体基部与盘状体边缘通过一个鲜明的柄状结构连接（图 7.2A）；丝状体的主体均由 1 列（图 7.2B）或者部分为 2 列（图 7.2C）长柱状细胞组成。并且发现，在丝状体的某些特殊区域由中空的细胞组成（图 7.2D、图 7.2E）；同一个盘状体上可以形成多条丝状体（图 7.2F）；有些丝状体可以形成分枝（图 7.2G）。

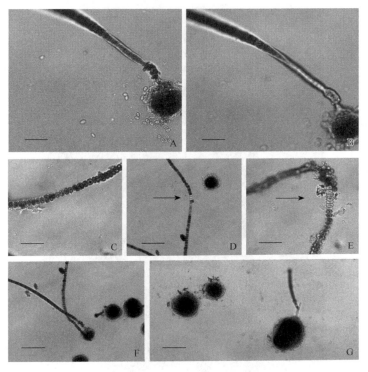

图 7.2 真江蓠果孢子的新发育途径

A. 丝状体基部的结构，bar＝100 μm；B. 丝状体主体结构由 1 列细胞构成，bar＝100 μm；C. 丝状体部分区域由 2 列细胞构成（箭头所示位置），bar＝75 μm；D. 丝状体特殊区域由中空的细胞（箭头所示位置）构成，bar＝150 μm；E. 丝状体特殊区域（箭头所示位置）的进一步放大，bar＝75 μm；F. 两条丝状体发生于同一个盘状体，bar＝150 μm；G. 盘状体上具分枝的丝状体，bar＝100 μm

Figure 7.2　New development process of sporelings from carpospores of *G. asiatica*

A. the basal structure of filamentous frond, bar = 100 μm; B. the structure of filamentous frond composed of a row of cells, bar = 100 μm; C. one filament partially composed of two rows of cells (arrow indicated) ,bar = 75 μm;D. special area composed of empty cells in filamentous frond (arrow indicated), bar = 150 μm; E. magnification of special area in filamentous frond (arrow indicated), bar = 75 μm; F. two filamentous fronds emerged from the same discoid crust, bar = 150 μm; G. the ramose filamentous frond germinated from one discoid crust, bar = 100 μm

7.2.3　直立幼苗和丝状体的共存

随着真江蓠发育过程的推进，无论盘状体上有无直立幼苗出现，80%的盘状体周边都发生丝状体，丝状体的数量急剧增多。并且，多数的丝状体呈现出附生于盘状体或者靠合在盘状体上的现象（图 7.3A～C），这与最初观察到的丝状体和盘状体边缘通过一个柄状结构连接的现象（图 7.2A、图 7.2B）有较大差异。丝状体在发育过程中逐渐伸长，如图 7.3A 中的丝状体经 7 天的生长后呈现图 7.3C 的状态，比较两者可以明显察觉到丝状体的生长。正常的直立果孢子幼苗和丝状体的共存可以通过一张侧面图片（图 7.3D）形象地呈现出来。

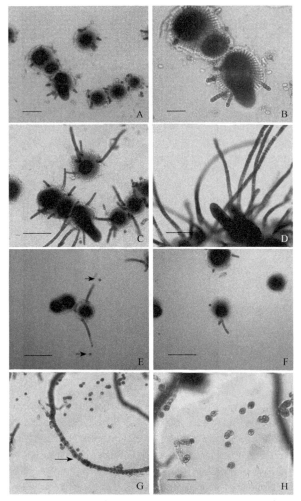

图 7.3　正常果孢子幼苗和丝状体的共存

A．正常直立幼苗和新生丝状体的共存，bar＝100 μm；B．图 7.3A 的部分放大，示丝状体和幼苗之间的差别，
bar＝50 μm；C．幼苗和丝状体的生长，bar＝150 μm；D．直立幼苗和新生丝状体共存的侧面观，bar＝
150 μm；E．刚刚从丝状体释放的两个游离的细胞（箭头所示），bar＝150 μm；F．游离细胞附着于盘状体，
附着后的细胞开始萌发为丝状体，bar＝150 μm；G．游离的细胞和附着于丝状体的细胞（箭头所示一个细胞
正在脱离所在的丝状体），bar＝150 μm；H．游离细胞开始萌发为新的丝状体，bar＝75 μm

Figure 7.3　Coexistence of normal sporelings and filamentous fronds

A. coexistence of normal sporelings and new filamentous fronds, bar = 100 μm; B. magnification of part of Figure A
showing difference between filamentous fronds and sporelings, bar = 50 μm; C. growth of sporelings and filamentous
fronds, bar = 150 μm; D. the side view of coexist normal sporelings and new filamentous fronds, bar = 150 μm; E. two
dissociative cells fresh released from the filaments (arrow indicated), bar = 150 μm; F. one cell just attached to the discoid
crust and one cell just germinated into filamentous frond, bar = 150 μm; G. the dissociative cells and cells attached to
filamentous fronds, one cell was detaching from the old filamentous frond (arrow indicated), bar = 150 μm;
H. germination of dissociative cells, bar = 75 μm

另外，在发育观察实验中，发现了一些游离（图 7.3E）或者依附于盘状体周边的细胞（图 7.3F），甚至有些细胞可以依附于丝状体表面（图 7.3G），并且发现，无论游离还是依附的细胞均具有萌发形成新的丝状体的能力（图 7.3F～H）。同时，还观察到，1 个细胞正在脱离所在的丝状体（图 7.3G）。

7.3　讨　论

本研究中关于真江蓠果孢子经正常发育途径形成果孢子幼苗的观察结果和以前的相关研究相似（Ogata et al.，1972；陈美琴和任国忠，1985，1987）。总体来说，真江蓠果孢子的发育过程也可划分为 3 个阶段：细胞分裂期、盘状体期和直立幼苗期。经此途径得到的直立幼苗，带有明显基盘结构，具有较好的黏附和固着能力，因而通常在江蓠的栽培中作为种苗加以应用。而且，在本研究中常见真江蓠盘状体的粘连现象，并且多见涉及两个或三个盘状体的粘连。关于盘状体的粘连现象，在相近种类的研究中也有报道（Jones，1956；陈美琴和任国忠，1985），但本研究中没有看到涉及 10 个以上盘状体的粘连现象。一般认为，粘连现象有利于盘状体和幼苗在基质上的固着，而且具有生态上的重要意义（任国忠和陈美琴，1986；Kain and Destombe，1995）。另外，粘连还有助于提高藻类个体乃至整个群落的存活率（Harper，1985；Santelices et al.，1996）。

本研究中首次观察到真江蓠发育过程中的丝状体现象。丝状体的主体是 1 列或者部分 2 列的长柱状细胞，在盘状体出现的早期就开始出现在周边细胞，通过一个明显的柄状结构和盘状体相连（图 7.2A、图 7.2B），并且自一个盘状体上可以形成多个丝状体（图 7.2F、图 7.3C）。随着发育过程的继续，丝状体的数量急剧增加，同时也在部分盘状体上形成正常的直立幼苗，两者的形态学差异明显，无论从形状、着生位置还是直径大小都可以清晰地加以区分。例如，丝状体发生于盘状体的边缘，直径明显小于位于盘状体中心的直立幼苗，其平均直径只有 6 μm 左右。发生于同一个盘状体的两者形成了鲜明对比（图 7.3B～D）。

Oza 等（1975）曾经报道过皮江蓠中出现的假根细胞，发生于盘状体周边细胞的底部，然而，无论是陈美琴和任国忠（1985）的研究还是本研究中，均未发现有假根的形成，因其与该研究中的丝状体在结构和位置上有较大差异。

本研究发现，早期形成的丝状体一般通过明显的柄状结构和盘状体边缘细胞相联系，并且丝状体上具有一些特殊区域，具有释放细胞的能力（图 7.3G），细胞释放后，在原来的位置仅留下一些中空的细胞轮廓（图 7.2D、图 7.2E），且轮廓清晰，镜检可以统计释放的细胞的数目。释放出来的细胞或者以游离状态存在，或者黏附于盘状体，有些甚至可以黏附于丝状体。无论是黏附的还是游离的细胞都具有萌发形成新丝状体的能力，通过细胞的分裂和细胞伸长来实现（图 7.3F、

图 7.3H）。通过这种机制，可以产生大量的丝状体，这可以部分解释本研究中观察到的盘状体发育后期丝状体数量急剧增加的现象。这种新的发育现象（丝状体）的出现，可能有利于真江蓠一种新的无性繁殖体系的构建。另外，本研究中，还发现了具有分枝的丝状体（图 7.2G、图 7.3F），分析其原因，可能来自于被释放的细胞附着于丝状体后在体原位萌发，这和对 *G. domingensis* 的分枝观察的结果相类似（Guimarães et al.，1999）。

当前，关于红藻的再生或者无性繁殖体系的构建已经有一些尝试研究。例如，Yan 和 Wang（1993）尝试通过江蓠的原生质体实现植株再生，Lima 等（1995）利用顶状蜈蚣藻（*Grateloupia acuminata*）的盘状体的碎片实现幼苗再生，而我国的樊扬和李纫芷（2000）成功实现了龙须菜（*G. lemaniformis*）匍匐体类愈伤组织的诱导，这种类愈伤组织由堆积成团的丝状体构成，在适当的条件下，能够实现附着、分化、分裂，进一步发育成匍匐体，并最终发育成新的幼苗。然而，目前对真江蓠的植株再生或类愈伤组织诱导成功的报道还很少见。本研究中丝状体的发现和对其无性繁殖体系的构建及诱导转化，将有利于此领域研究工作的开展。

总之，真江蓠早期发育过程中新的发育模式，即丝状体的发现，将进一步丰富真江蓠的生活史，拓宽真江蓠育苗的途径。关于真江蓠丝状体形成的机制，以及诱导转化的条件需要进一步的深入探讨，以准确定位其在真江蓠生活史中所起的作用。

8 金膜藻果孢子幼苗早期发育分化及类愈伤组织诱导

金膜藻（*Chrysymenia wrightii*）是一种分布于东北亚沿岸的大型经济红藻，可用于提取多种医药用活性物质。国内外针对其的相关研究，主要涉及金膜藻的分类鉴定、光合色素特性及光合效率，以及医药用活性物质的提取和药理研究等领域。虽然具有很大的开发利用价值，但是金膜藻野生资源存量有限，育苗和规模化养殖技术亟待开发，但目前对于金膜藻果孢子幼苗培育以及早期发育特征的研究尚未见报道。

本章对采自山东沿海的大型经济红藻金膜藻果孢子幼苗的早期发育过程进行了详细跟踪观察，并尝试在室内对其果孢子进行细胞培养和人工育苗试验，同时对光照和温度对其早期发育和生长过程各个时期的影响进行了记录和分析，以期进一步丰富金膜藻的生活史和繁殖生物学特征，并对其作为潜在海藻人工养殖种质来源的可行性进行了初步的分析。

8.1 材料和方法

8.1.1 藻体的采集、处理

2005 年 5 月，在青岛太平湾（北纬 36°03′，东经 120°20′）发现野生小规模簇生的金膜藻群落，设置标记并定期观察其生长和成熟状态，金膜藻的植株形态如图 8.1 所示。2005 年 6 月末，开始观察到其中有性成熟的个体，于 7 月 3 日采集其中藻色正常、藻体健康、带有成熟囊果的金膜藻雌配子体和少量的雄配子体，在野外用海水简单冲洗，去除表面明显的附生杂藻及其他附生物后，带回实验室。在室内用刷子洗刷，并用消毒海水冲洗，以彻底除去藻体表面的附生物，然后浸泡在 1.5%的 KI 溶液中 10 min，再用消毒海水冲洗 3 遍，100 g 左右的雌雄藻体被分别暂养在两个塑料容器中，每个装有 1 000 mL 的消毒加富海水（加入 PES 母液），培养条件为 25℃，30 μmol photons/（m^2·s）和 12 h/12 h（光/暗）的光周期，以备后续的实验。

图 8.1 金膜藻的形态观察

A. 金膜藻的幼体；B. 金膜藻成体的一个分枝

Figure 8.1 Morphology of *C. wrightii*

A. young frond of *Chrysymenia wrightii*; B. old frond of *C. wrightii*, with multiple secondary branches

8.1.2 果孢子的采集与培养

选择室内暂养的金膜藻雌雄配子体中带有性成熟结构的藻体部分，用解剖刀切成多个 1~2 cm 的小段，转移到 16 个装有消毒加富海水的培养皿（60 mm×15 mm）中进行培养，每个培养皿内放置 3~4 个藻体切段，并且在每个培养皿中预先放入一片盖玻片（10 mm×10 mm），以方便镜检跟踪观察。同时，几个较大的切段被分别放入 3 个装有 800 mL 加富海水的烧杯中进行培养，烧杯底部预先放入缠有尼龙绳的载玻片，以备果孢子附着。培养皿和烧杯被放入特定的培养室进行预培养，以利果孢子释放，预培养条件为：18℃，（10±2）μmol photons/（m²·s）和 10 h/14 h（光/暗）的光周期。

多数果孢子在 24~72 h 内释放，并附着于培养皿的底部和盖玻片表面，定时用显微镜观察其附着密度，达到每个视野（100×）30~50 个果孢子后，移除培养皿和烧杯中的藻体切段材料。释放的果孢子培养在加富的消毒海水中。培养介质每 3 天更换一次。每天观察记录果孢子的生长发育情况。在培养过程中，部分的果孢子颜色逐渐变淡并最终死亡，不被包括在对果孢子盘状体直径的测量和计算范围内。

8.1.3 果孢子早期发育过程的观察

利用光学显微镜（Nikon Eclipse 50i 和 Zeiss，Axioplan）对金膜藻果孢子的早期发育过程进行定时观察，并且通过与显微镜相连的数码相机（Photometrics Cool Snap）拍照，记录由果孢子到直立幼苗的详细发育过程。以培养在 25℃ 和 36 μmol photons/（m²·s）温度和光照条件的果孢子为主要的形态观察对象。

8.1.4　温度和光照强度影响的实验设置

果孢子附着后，将烧杯转到特定的培养室继续进行育苗实验，培养条件为18℃，（30±2）μmol photons/（m²·s）和 12 h/12 h（光/暗）的光周期。将培养皿转到 4 个光温控制的 GXZ 型智能培养箱（宁波江南仪器制造厂）中继续培养。在每个光温组合的培养条件下放置两个培养皿。设置不同的光照和温度，包含在高光照强度 [36 μmol photons/（m²·s）] 条件和低光照强度 [8 μmol photons/（m²·s）] 下设置的 4 个温度梯度，即 10℃、15℃、20℃和 25℃。不同的光照强度，通过调节日光灯管（飞利浦）的数量和功率，结合调节培养皿离光源的远近实现。光照强度的测量利用量子光度计（LI-COR，LI-250，Nebraska）完成。所有的温度、光照培养的光周期条件均为 12 h/12 h（光/暗）。

对不同培养条件下的实验材料，在不同的发育时期，随机抽取光学显微镜（100×）下的 10 个不同视野中的果孢子（随机抽取 10 个）或盘状体（随机抽取5 个），分别对其萌发率和直径大小进行统计和测量，金膜藻的盘状体直径通过目镜中的目微尺进行测量。对萌发率的统计在果孢子附着 5 天后进行，对盘状体直径的测量在果孢子附着 4 周后进行。

8.1.5　丝状体的培养

培养过程中出现大量丝状体后，将丝状体从盘状体或者直立幼苗的边缘切下，单独培养在 100 mL 的三角瓶中，培养液为 PES，培养条件为：温度 18℃，光照强度10 μmol photons/（m²·s）和 12 h/12 h（光/暗）的光周期，每天手动摇匀 3 次。

8.1.6　数据处理

不同温度条件下得到的金膜藻果孢子的萌发率、盘状体的直径测量数据，通过方差分析（ANOVA）及 Tukey 多重比较方法来进行统计分析。高光强和低光强对萌发率和盘状体直径的影响通过配对 t 检验进行统计分析。利用统计软件 SPSS进行具体的统计分析运算过程，显著性水平为 $P<0.01$，获得的数据记录为平均值±标准差。

8.2　结　　果

8.2.1　金膜藻果孢子早期发育过程

显微镜观察发现，刚释放的果孢子呈淡红色或暗红色，可以清楚看到孢子内分布的色素体。果孢子形状为球形或椭球形，平均直径约 22 μm（图 8.2A）。果孢子在释放数小时内即附着在培养皿底部。金膜藻果孢子的早期发育可简单分为以下 3 个阶段：早期分裂阶段、盘状体阶段以及幼苗形成阶段。

早期分裂阶段：大约 40%的果孢子在附着后的 4 h 内开始萌发（图 8.2B），第一次分裂是均等的分裂，分裂成两个均匀的半球形细胞，其中一个延伸形成萌发管，随后发生各种各样的细胞分裂（图 8.2C）形成多列小而着色浅的细胞；而另一个细胞分裂速度相对缓慢，得到的细胞数量较少，体积较大且色素含量较高。分裂一段时间后，多数形成明显的扫帚状结构，即基部少数几个大型细胞，顶部辐射状排列多列细胞（图 8.2D）。但也有少数例外，如图 8.2E 和图 8.2F 所示，一端形成一个明显突出的细长柄状结构，一般由单列细胞构成，其另一端同样通过各种方式的细胞分裂形成多列细胞，呈辐射状排列。在此阶段细胞以分裂为主，细胞数量急剧增加，但细胞生长较为缓慢。

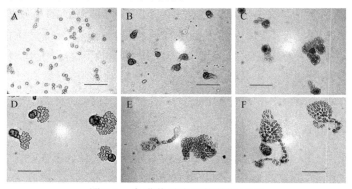

图 8.2 金膜藻果孢子的萌发过程

A. 新释放出来的果孢子，bar=160 μm；B. 果孢子的第一次细胞分裂为横向分裂，bar=80 μm；C. 果孢子后续的各种方式的细胞分裂，bar=60 μm；D. 果孢子到盘状体发育过程中的普遍现象，形成扫帚状结构，bar=60 μm；E、F. 果孢子到盘状体发育过程中的独特现象，形成一个明显的柄状结构，bar=66 μm

Figure 8.2 The germination process of carpospores of *C. wrightii*

A. newly released carpospores, bar = 160 μm; B. the first transverse cell division perpendicular to the surface of the carpospores, bar = 80 μm; C. the subsequent diverse of cell divisions of carpospores, bar = 60 μm; D. the common developing process of carpospores to form broom-like structure before the discoid crust stage, bar = 60 μm ; E, F. the infrequented developing phenomenon of carpospores with distinct handle-like structure, bar = 66 μm

盘状体阶段：在果孢子附着 10 天后，除了低温低光照条件下培养的果孢子仍处于扫帚状结构形成阶段外，多数果孢子通过多次分裂继续增生辐射状结构。同时，原来位于基部的几个较大型的细胞开始衰退，其中的色素体逐渐分解，细胞最终解体（图 8.3A），而且发育相对特殊的细胞形成的明显柄状结构，也经历相似的过程，被同化吸收或衰退消失，最终形成接近圆形或椭圆形的盘状结构（图 8.3B），细胞的体积也开始增大，细胞层数开始增多，形成具有三维结构的盘状体，其基部细胞附着在培养皿底部，而中间具多层细胞，使盘状体中部厚度大于周边（图 8.3C）。盘状体直径的增加主要通过基部细胞的分裂和直径的生长实现。

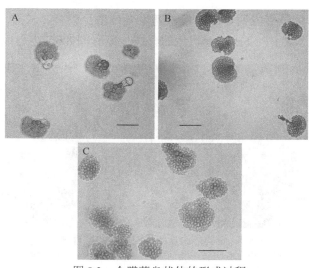

图 8.3　金膜藻盘状体的形成过程

A. 果孢子发育成扫帚状结构，柄部细胞逐渐被吸收消失，bar＝50 μm；B. 扫帚状结构继续发育，多列细胞辐射状排列，形状接近圆形，bar＝100 μm；C. 盘状体的雏形，bar＝75 μm

Figure 8.3　The development process of *C. wrightii* from the carpospores to form discoid crusts

A. the broom-like structure derived from the carpospores, showing the dispear of handle-like structure, bar = 50 μm; B. the broom-like structure developed into near round disc structure, bar = 100 μm; C. freshly formed discoid crusts, bar = 75 μm

幼苗形成阶段：发育成形的金膜藻盘状体直径可达 200 μm 以上（图 8.4A），边缘细胞着色较浅，而中部细胞由于细胞层数增多，色素体也较多，着色较深。盘状体继续发育，一方面，盘状体直径进一步增大，彼此边缘接触，出现多个盘状体的粘连现象（图 8.4B），同时，由于顶部细胞的细胞分裂，开始在盘状体的中部形成小的突起（图 8.4C）。小突起进一步生长，形成直立幼苗。新形成的直立幼苗的形态如图 8.4D 所示。随着培养过程的延续，直立幼苗的长度和直径进一步增加，图 8.4E 展示了培养 3 周后，幼苗基部的结构，图 8.4F 是培养 7 周后，得到的金膜藻幼苗，其长度可达 300～500 μm。

附着在烧杯底部尼龙绳上的果孢子在特定培养条件下 [18℃，（30±2）μmol photons/（m² · s）和 12 h/12 h（光/暗）的光周期] 单独培养 3 个月后，得到了少数的金膜藻幼苗，长度 1～3 cm（图 8.5A、图 8.5B）。

8.2.2　金膜藻果孢子早期发育过程中丝状体的出现

盘状体形成后，在金膜藻后续的发育过程中观察到一个新发育现象，即丝状体出现于盘状体的边缘细胞（图 8.6A），并且随着培养时间的延续，具有这种丝状体结构的盘状体占总数的比例越来越大。丝状体的主体均由 1 列长柱状细胞组成，且同一个盘状体上可以发生数条丝状体（图 8.6B），随着培养过程中直立幼苗的形成，出现金膜藻的直立幼苗和丝状体在同一盘状体上共存的现象。另外，金膜藻的丝状体可以形成明显的分枝，初生分枝数目较多、较短（图 8.6C），分枝也可进一步生长，图 8.6B 中丝状体的分枝长度和图 8.6C 中形成鲜明对比。

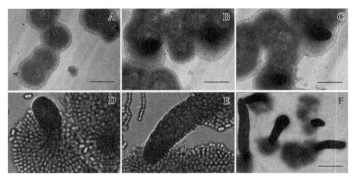

图 8.4　　金膜藻由盘状体到幼苗的发育过程

A．发育成形的盘状体，中间是着色比较深的细胞，周围是半透明的胶质细胞，bar＝167 μm；
B．盘状体的粘连现象，bar＝200 μm；C．直立幼苗的小突起出现在粘连的盘状体的表面，bar＝200 μm；
D．新形成的幼苗的进一步放大，bar＝100 μm；E．3 周后幼苗基部的侧面观，bar＝100 μm；
F．7 周后的幼苗，示幼苗的生长，bar＝200 μm

Figure 8.4　　The developing process of the discoid crusts derived from carpospores to form sporelings

A. the discoid crusts derived from the carpospores with pigmented cells located in the center and transparent colloid around the disc, bar = 167 μm; B. the coalescence of the basal discs, bar = 200 μm; C. upright sporelings protuberated from the surface of discoid crusts, bar = 200 μm; D. magnification of young sporelings, bar = 100 μm; E. the side view of sporelings after 3 weeks, bar = 100 μm; F. the sporelings cultured for 7 weeks, showing the increase in length, bar = 200 μm

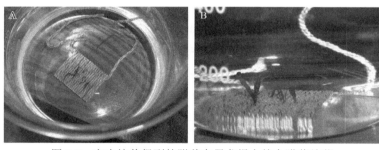

图 8.5　　室内培养得到的附着在尼龙绳上的金膜藻幼苗

A．俯视图；B．侧面观

Figure 8.5　　The obtained sporelings settled on the nylon strings at the bottom of a beaker under indoor conditions

A.overhead view; B. lateral view

对比不同培养条件下金膜藻的发育过程（表 8.1）可以发现，光照和温度对其有较大的影响。对丝状体而言，低光照强度 [8 μmol photons/（m² · s）] 培养下几乎没有丝状体出现；而高光照条件下，其出现的时间和数量的多少，受到温度的

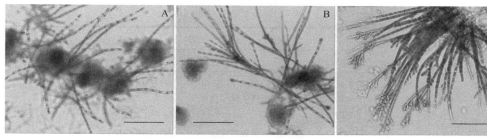

图 8.6　金膜藻果孢子发育过程中的新现象

A. 金膜藻正常直立幼苗和丝状体（由单列细胞组成）的共存，bar＝100 μm；

B. 分枝状丝状体的形态观察，bar＝100 μm；C. 最初形成的丝状体分枝，bar＝100 μm

Figure 8.6　New development phenomenon of sporelings from carpospores of *C. wrightii*

A. coexistence of normal sporelings and filamentous fronds composed of a row of cells, bar = 100 μm;

B. morphology of ramose filamentous fronds, bar = 100 μm;

C. morphology of developing ramose filamentous fronds, bar = 100 μm

影响，较高的温度更适宜丝状体的形成，如 15～25℃ 条件下在培养的第 3 周就可观察到丝状体，并且在设置的梯度范围内温度越高，丝状体数量和长度增加越快。但其具体的最适形成条件需要进一步的细化摸索。

实验中得到的丝状体，无论是线状丝状体还是分枝状丝状体，都可以通过8.1.5 的方法进行培养，并且能够正常生长。培养 2 周以后，金膜藻的丝状体积聚成多个絮状结构（图 8.7A、图 8.7B），剧烈振荡才能使其发生部分的分散。其生长速率随着絮状丝状体直径的增长而减慢，可能是由于位于絮状核心的丝状体不能很好地吸收培养液中的营养。并且分离出一部分丝状体后继续培养，丝状体的生长速度明显提高，可以实现扩增培养。但培养过程中，无论充气培养还是静置培养都没有观察到丝状体向盘状体或者幼苗的转化。

表 8.1　金膜藻果孢子不同培养条件下的早期发育特征比较

Table 8.1　Comparison of early development characteristics of carpospore of *C. wrightii* under different culture conditions and periods

培养条件		培养时间			
		2 周	3 周	4 周	7 周
10℃	8 μmol photons / (m² · s)	多数为一列细胞，顶部有分枝倾向，但未形成带状结构	多数为小带状，顶部分枝 2～4 列	多数近圆形，分枝较多	盘状体，少数形状不规则
	36 μmol photons / (m² · s)	顶部出现 2～4 列细胞，极少数形成带状结构	多数近圆形，分枝较多	多数形成盘状体	盘状体，可见幼苗突起，偶见丝状体
15℃	8 μmol photons / (m² · s)	多数呈带状，极少数分枝已遍布周围，个体较小	多数形成盘状体	多数形成盘状体，直径稍大	盘状体，偶见幼苗突起

续表

培养条件		培养时间			
		2 周	3 周	4 周	7 周
20℃	36 μmol photons / (m² · s)	多数呈带状，一定数量分枝已遍布四周，个体稍大	多数形成盘状体，偶见丝状体	多数形成盘状体，偶见直立幼苗	盘状体直径增大，幼苗数量和长度增加，可见丝状体
	8 μmol photons / (m² · s)	多数呈带状，部分近圆形，个体较大	多数形成盘状体	盘状体直径稍大	盘状体直径增大，出现粘连
25℃	36 μmol photons / (m² · s)	多数形成盘状体，部分呈带状或扇形	盘状体、丝状体共存	盘状体、丝状体、幼苗共存	丝状体数量增多；幼苗长度增加
	8 μmol photons / (m² · s)	盘状体和带状结构数目相当	多数形成盘状体	盘状体直径稍大，可见幼苗小突起	幼苗数量增加，偶见与丝状体共存
	36 μmol photons / (m² · s)	多数形成盘状体，直径稍大	盘状体粘连、丝状体和幼苗共存	盘状体粘连程度增大；丝状体和幼苗共存	幼苗较大，丝状体数量较多，且形成分枝

图 8.7　悬浮培养中的丝状体形成絮状结构

Figure 8.7　The obtained filamentous frond clumps under suspension culture

8.2.3　温度和光照强度对果孢子早期发育的影响

温度和光照强度对于金膜藻果孢子的萌发率（germination rate）和盘状体直径（diameter of discoid crust）分别在果孢子附着后 5 天和附着后 4 周进行统计和测量，所得数据和结果如图 8.8 所示。

方差分析（ANOVA）结果显示，无论在低光照还是高光照条件下，温度对果孢子的萌发率都有显著的影响（低光强：$F = 8.733$，$P < 0.01$；高光强：$F = 22.33$，$P < 0.01$）。低光照强度 [8 μmol photons/（m² · s）] 下，高温区段（20℃、25℃）和低温区段（10℃、15℃）条件下的萌发率之间差异显著，但各区段内部差异不显著，果孢子萌发率的最高值为 38%。高光照强度 [36 μmol photons/（m² · s）] 下，25℃条件下果孢子的萌发率最高，达到 66%，显著高于其他温度条件下的

萌发率。并且，15℃和 20℃条件下的萌发率差异不显著，分别为 46%和 52%（图 8.8A）。对高光强和低光强条件下的 4 组数据进行了配对 t 检验，结果显示，光照强度对果孢子的萌发率有显著的影响（$P<0.01$），对比同组的数据也发现，低光照条件不利于果孢子的萌发。

　　相似地，ANOVA 结果显示，温度对盘状体直径的大小也有显著的影响（低光强：$F=150.64$，$P<0.01$；高光强：$F=113.65$，$P<0.01$）。低光照强度下，各个温度条件下的盘状体直径均有显著差异，直径的最小值出现在 10℃，为 58.0 μm，最大值在 20℃，为 116.9 μm。而高光照强度下，高温区段（20℃和 25℃）条件下的盘状体直径差异不显著，直径分别为 137.6 μm 和 148.2 μm（图 8.8 B）。另外，对相同温度条件下的数据比较发现，低光照条件下的盘状体直径均小于高光照条件下的盘状体直径。同样，t 检验的结果显示，光照强度对盘状体的直径也有显著的影响（$P<0.01$）。

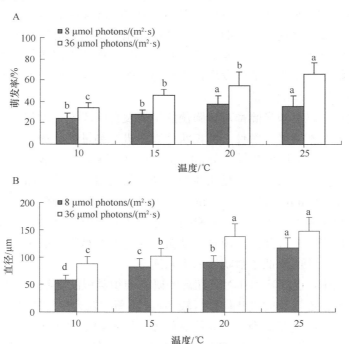

图 8.8　不同光照条件下温度对金膜藻果孢子萌发率（A）和盘状体直径（B）的影响

数据表示为平均值±标准差；差异显著性用不同的字母表示（$P<0.01$）

Figure 8.8　The effect of temperature on the germination rate（A）of carpospores and diameter（B）of discoid crusts cultured under 8 μmol photons/（$m^2 \cdot s$）and 36 μmol photons/（$m^2 \cdot s$）

values are means ± SD; statistically significant differences are indicated

by letter superscripts（$P<0.01$）

8.3　讨　论

本研究发现，并不是所有的果孢子都能萌发，并发育成盘状体。不同培养条件下，果孢子的萌发率不同，不能萌发的果孢子其颜色首先由暗红色变为绿色，并渐渐变成苍白色而消失，然而，镜检并不能发现能够萌发的果孢子和不能萌发的果孢子之间的区别，关于其不能萌发的原因目前还不清楚，我们猜测可能是由于培养条件尚不能满足其实现最大萌发的需要，或者放散的果孢子自身存在一定的生理生化上的缺陷，才导致部分的果孢子不能萌发。对果孢子萌发率的数据统计分析表明，果孢子在高温高光照强度下 [25℃和 36 μmol photons/（m^2·s）] 萌发率最高，可达 66%，表现出与其繁殖季节温度的一致性，这种一致性有利于其新生代获得较高的成活率，提高其群落的竞争力。并且，15℃和 20℃条件下的萌发率也可达到 46% 和 52%，因而我们认为，在 36 μmol photons/（m^2·s）光照条件下，15～25℃是果孢子萌发的适宜条件，此温度范围和对江蓠属孢子萌发条件的相关研究结果相一致（陈美琴和任国忠，1987），而低光照条件不利于果孢子的萌发。至于能否获得更高的萌发率，需要通过改变营养条件或者增设细致的光照梯度条件加以进一步的验证。

研究发现，温度和光照都对金膜藻的早期发育阶段——盘状体的生长有显著的影响，通过对不同培养条件下的盘状体直径进行测量统计加以检测，结果显示低温（10℃）和低光照条件 [8 μmol photons/（m^2·s）] 明显不利于金膜藻盘状体的生长。相同光照条件下，盘状体的直径都随着温度的升高而增大，最大直径出现在 25℃和 36 μmol photons/（m^2·s）条件下。但高光照条件下 20℃和 25℃的盘状体直径差异不显著，分析其原因，可能是由于 25℃条件下，盘状体的粘连程度进一步增强，并且开始出现直立幼苗，这将导致盘状体的生长空间受限或者营养供应不足，从而降低了盘状体的生长速度。

在该实验中，也观察到和对真江蓠的研究中相类似的盘状体"粘连"的现象，不同之处在于粘连涉及的盘状体数目较多，金膜藻中较为常见的是 5～8 个的盘状体相互粘连并继续发育成为一个大的盘状体（图 8.4A、图 8.4B）。Jones（1956）报道过 50 个孢子聚集在一起，盘状体粘连成一个大的盘状体，本研究也在高温和高光照条件下观察到 10 个以上的盘状体粘连的现象。这种类似的盘状体粘连现象，也曾经在江蓠中报道过（Harper，1985；Santelices et al.，1996）。因而这种现象可能在红藻中普遍存在，因其有利于增加盘状体或直立幼苗在基质上的固着能力，是红藻对海洋环境的一种生物适应现象。Santelices 等（2004）报道，红藻发育过程中粘连的过度生长的盘状体以后能否最终形成幼苗取决于其相互接触以前的直径大小。我们观察发现，相互粘连的盘状体直径大小是相似的，相粘连的盘状体尽管直径的生长受到一定的影响，但可以继续发育最终形成直立幼苗，只是不是每个参与粘连的盘状体中部都有幼苗出现，往往呈现 5~8 个粘连的盘状体形成 4~5 个直立幼苗的状态。镜检由粘连的盘状体和由单个盘状体发育成的幼苗，两者之间没有发现明显差异的存在。

目前，海藻无性繁殖系主要是通过组织培养来获得，植物细胞的全能性是其理论基础。在海藻组织培养的概念中，同样可将其分为离体器官、组织、细胞和原生质体的培养、体细胞杂交及突变体研究等，共有整体、器官、组织、细胞和原生质体 5 个层次的培养（王素娟，1994），包括各种藻类的栽培术，如孢子、受精卵的培养技术，一些器官，如假根、叶片、茎、芽以及分生组织离体培养，一些愈伤组织的培养，游离的单细胞或原生质体或小细胞团的培养等。同高等植物的愈伤组织以及其他藻类的类愈伤组织相比，丝状体也是没有组织器官分化的，具有分裂能力，能生长，可认为是海藻类愈伤组织的一种。对金膜藻的组织培养目前尚未见报道，并且在金膜藻的生活史相关研究中，也没有关于丝状体阶段存在的记录。

在金膜藻的果孢子的早期发育过程中，发现有丝状体的出现（图 8.6），这些丝状细胞多数发生在盘状体的边缘，少数可发生在直立幼苗边缘，或者出现在两个盘状体之间。Chiang（1993）、Chen（1999）和邵魁双（2003）曾报道在蜈蚣藻（*Grateloupia filicina*）孢子的早期发育过程中，有丝状体的产生，本研究结果与其相似。关于丝状体在红藻的早期发育过程中的功能尚待进一步的研究。另外，本研究中实现了对金膜藻丝状体的室内培养和人工扩培，获得了突破，从一定程度上反映了其丝状体作为种质保存的可行性，具有潜在应用价值。

大型海藻的室内单藻培养仅限于生活史中有微观世代的几个种，如海带、裙带菜、巨藻及紫菜等（Wang and Shen，1993；Wang et al.，2006；Shao et al.，2004；Zhao et al.，2006，2010）。这种方式在种质保存上已经证明是非常有效的。如果丝状体既可以在室内单藻培养，又可以在适当条件下恢复分化发育成直立幼苗，就可以用来构建无性繁殖系，用来保存大型经济海藻的种质（王素娟和沈怀舜，1993）。但由于对金膜藻丝状体产生的机制，包括适宜的光照、温度或机械刺激等条件尚缺乏细化的实验研究和摸索，并且对其丝状体状态的人工诱导转化条件也还不清楚，目前还不具备实际生产应用的条件，对该方面的研究需要进一步的深化。在观察过程中我们发现了一个有趣的现象：直立幼苗和丝状体同时发生在同一盘状体的边缘（图 8.6A、图 8.6B），这一现象难以用传统的组织培养理论进行解释，我们推测可能是每个细胞都有其独特的发育方向，其发育有其独立性。

总之，对金膜藻早期发育过程特征的跟踪研究，尤其是正常发育途径中一些独特现象的观察和新的发育途径，即丝状体的发现，进一步充实和丰富了金膜藻的生活史特征，展现了金膜藻作为新的海水养殖种类进行开发的可行性，并将为金膜藻的室内培养或者未来的人工养殖提供有用的实验数据。

9 扇形拟伊藻果孢子幼苗早期发育分化和生长特性

扇形拟伊藻（*Ahnfeltiopsis flabelliformis*）是一种中国常见的大型经济红藻，可用于提取琼脂、卡拉胶及多种具抑菌活性的生物活性物质，具有较高的附加值和较好开发潜力。它主要分布于中、低潮间带的岩石上，产量不大，不能满足市场需要，亟须开发相应的育苗和人工养殖技术。但目前，人们对扇形拟伊藻的生活史特征和有性生殖过程了解较少。

本章在实验室条件下对扇形拟伊藻果孢子幼苗的早期发育过程进行了全程监控和跟踪观察，同时在 32 μmol photons/（m² · s）光照强度和 10 h/14 h（光/暗）光周期条件下，研究温度梯度（10℃、15℃、20℃、25℃）对其早期发育过程和生长特征的影响。该数据将进一步完善扇形拟伊藻的生活史，丰富其繁殖生物学特征，并对其作为潜在海藻人工养殖种质来源的可行性和果孢子幼苗培育试验提供基础数据支持。

9.1 材料和方法

9.1.1 果孢子的释放和附着

带有囊果的成熟扇形拟伊藻藻体，于 2012 年 6 月采集自青岛太平湾，北纬 36°03′，东经 120°20′。采集回来的藻体首先用过滤过的海水洗涤干净，然后用潮湿的面巾纸去除表面的附生杂物，然后将其放入 1.5% KI 溶液（Wang et al., 2012）中消毒 10 min，最后用灭菌过的蒸馏水彻底清洗并用解剖刀切成 1～2 cm 的小段，实验室内阴干 2 h。

为了便于果孢子的释放，经阴干的藻段被放入一个 500 mL 装有灭菌海水的烧杯中进行预培养。预培养在特定的光照培养箱中完成，培养条件为：温度 15℃，光照强度（10±2）μmol photons/（m² · s）和光周期 10 h/14 h（光/暗）。果孢子在 24～48 h 后释放。用 5 mL 移液器配合大口径的吸头收集新释放的果孢子，转入 12 个装有消毒加富海水培养皿（60 mm×15 mm）中进行后续的培养。在每个培养皿中预先放入 4 片盖玻片（10 mm×10 mm），以方便镜检跟踪观察。控制其附着密度大概为 30 个果孢子/显微镜视野（100×）后，移除烧杯中的藻体切段材料。培养介质为加富海水，即在经过滤和煮沸锅的海水中添加 0.1 mmol/L 的 NO_3^-（KNO_3）和 0.01 mmol/L 的 PO_4^{3-}（KH_2PO_4）。培养介质每 3～5 天更换一次。每天观察记录果孢子的生长发育情况。附着有果孢子的培养皿分别被放入不同温度梯度的培养箱中进行后续发育和生长实验。

9.1.2　果孢子早期发育过程的观察

利用光学显微镜（Olympus CX31 和 Zeiss，Axioplan）对扇形拟伊藻果孢子的早期发育过程进行定时观察，并且通过与显微镜相连的数码相机（Olympus E-620）拍照，记录由果孢子到直立幼苗的详细发育过程。以培养在 25℃温度和 32 μmol photons/（m^2·s）光照条件的果孢子为主要的形态观察对象。

9.1.3　温度对果孢子萌发和发育影响的实验设置

果孢子附着后，将培养皿转到特定的培养室继续进行育苗实验，培养条件为（30±2）μmol photons/（m^2·s）的光照强度和 10 h/14 h（光/暗）的光周期，4 个温度梯度，即 10℃、15℃、20℃和 25℃，通过 4 个光温控制的 GXZ 型智能培养箱（宁波江南仪器制造厂）实现。在每个温度的培养条件下放置 3 个培养皿。光照强度的测量利用量子光度计完成（LI-COR，LI-250，Nebraska）。

对不同培养条件下的实验材料，在不同的发育时期，随机抽取光学显微镜（1 000×）下的 10 个不同视野中的果孢子（随机抽取 10 个）或盘状体（随机抽取 50 个），分别对其萌发率和直径大小进行统计和测量，扇形拟伊藻的盘状体直径通过目镜中的目微尺进行测量。对萌发率的统计在果孢子附着 3 天后进行，果孢子有褪色或者破损死亡的，不列入统计范围；对盘状体直径的测量在果孢子附着 3 周后进行。

9.1.4　数据处理

不同温度条件下得到的扇形拟伊藻果孢子的萌发率、盘状体的直径测量数据，通过 ANOVA 方差分析及 Tukey 多重比较方法来进行统计分析。利用统计软件 SPSS 进行具体的统计分析运算过程，显著性水平为 $P < 0.01$，获得的数据记录为平均值±标准差。

9.2　结　　果

9.2.1　扇形拟伊藻形态学特征

藻体紫红色，干后变黑色或褐色，软骨质，在潮间带的岩石上或石沼边缘均

图 9.1　扇形拟伊藻的藻体

箭头所指为囊果，bar＝0.75 cm

Figure 9.1　Morphological features of *A. flabelliformis* fronds

arrows show the cystocarps, bar＝0.75 cm

有生长。藻体直立，单生或丛生，高 4～10 cm，基部具小盘状固着器附着于基质上，藻体基部亚圆柱形，其余部位均为窄线形扁压或扁平叶状，多次二叉式分枝，分枝多集中于上部，枝宽 1～1.8 mm，枝端尖或钝圆，有时略膨胀，微凹或二裂，边缘全缘或有时有小育枝，囊果出现在雌性藻体的小育枝上（图 9.1）。整体有扇形轮廓。

9.2.2　扇形拟伊藻果孢子早期发育过程

　　显微镜观察发现，刚释放的果孢子呈淡红色或暗红色，可以清楚看到孢子内分布的色素体。果孢子形状为球形或椭球形，平均直径约 20 μm（图 9.2A、图 9.2B）。果孢子在释放数小时内即附着在培养皿底部。扇形拟伊藻果孢子的早期发育可简单分为以下 3 个阶段：早期分裂阶段、盘状体阶段以及幼苗形成阶段。

　　附着后果孢子开始逐渐发生极化，并且逐渐从圆形转换为椭圆形（图 9.2C、图 9.2D）。大约 30% 的果孢子在附着后的 2 h 内开始萌发（图 9.2E）。第一次分裂是均等分裂，分裂成两个均匀的半球形细胞，其中一个延伸形成萌发管（图 9.2 E、图 9.2F），随后逐渐分裂产生单列细胞，逐渐伸长（图 9.3A），另一个细胞经历各种各样的细胞分裂形成多列细胞，逐步呈辐射状排列，初步形成多细胞的盘状体（图 9.3 B）。在此阶段细胞以分裂为主，细胞数量急剧增加，但细胞生长较为缓慢。最终，果孢子发育成近乎圆形的带有短的萌发管的盘状体（图 9.3 C）。

　　接着，萌发管逐步褪色并且于 3 天后开始衰退，其中的色素体逐渐分解（图 9.3D、图 9.3 E）。细胞解体，逐步退化消失，最终形成接近圆形或椭圆形的小型盘状结构（图 9.3E）。同时细胞的体积也开始增大，细胞层数开始增多，形成具有三维结构的盘状体，其基部细胞附着在培养皿底部，而中间具多层细胞，可见明显的色素颗粒，边缘细胞接近透明。

　　部分盘状体的表面形成了无色的丝状体结构，如图 9.3E 和图 9.3F 箭头所示；并且常见 2 个以上盘状体的粘连现象（图 9.3F）。盘状体直径的增加主要通过基部细胞的分裂和直径的生长实现。

　　在扇形拟伊藻果孢子到盘状体的发育过程中，形成了一些特殊形态的盘状体，具有或长或短的辐射状结构，或者无色的丝状结构（图 9.4A～D），有的甚至形成无色的由单列细胞构成的细长的萌发管结构（图 9.4B、图 9.4C）和丝状体结构（图 9.4D）。

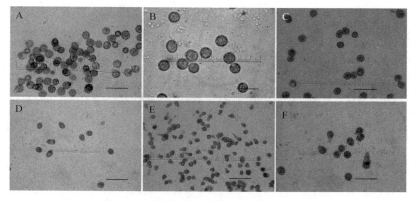

图 9.2　扇形拟伊藻果孢子的释放和萌发

A．新释放的果孢子，bar＝80 μm；B．果孢子的放大，bar＝45 μm；C．果孢子的极化，bar＝90 μm；
D．果孢子萌发前的性状变化，bar＝120 μm；E．果孢子的萌发，bar＝160 μm；F．萌发的果孢子的放大，
显示萌发管的萌出，bar＝90 μm

Figure 9.2　Release and germination of carpospores of *A. flabelliformis*

A. freshly released carpospores, bar = 80 μm; B. magnification of carpospores, bar = 45 μm; C. polarization of
carpospores, bar = 90 μm; D. shape changes of carpospores before germination, bar = 120 μm; E. germination of
carpospores, bar = 160 μm; F. magnification of germinated carpospores, showing germ tubes, bar = 90 μm

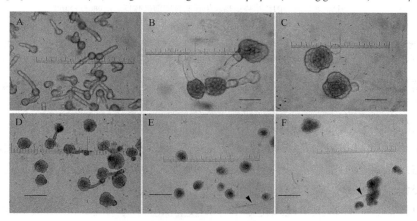

图 9.3　扇形拟伊藻从果孢子到盘状体的发育过程

A．萌发管的延长，bar＝90 μm；B．具有长萌发管的多细胞的盘状体，bar＝45 μm；C．具有短萌发管的
接近圆形的盘状体，bar＝45 μm；D．萌发管的褪色和逐步消失，bar＝120 μm；E．盘状体，中间是着色
比较深的细胞，周围是半透明的胶质细胞；箭头所示为透明的丝状体结构，bar＝160 μm；F．盘状体的粘连，
箭头所示为透明的丝状体结构，bar＝120 μm

Figure 9.3　Development from carpospores to discoid crusts

A. elongation of germ tubes, bar = 90 μm; B. multi-cellular discoid crusts with long germ tubes, bar = 45 μm;
C. nearly round discoid crusts with short germ tubes, bar = 45 μm; D. germ tubes of discoid crusts faded and
disintegrated gradually, bar = 120 μm; E. discoid crusts, with pigmented cells located in the center and transparent cells
around the edges; arrow indicated a colorless filament, bar = 160 μm; F. coalescence of discoid crusts, arrow indicated a
colorless filament, bar = 120 μm

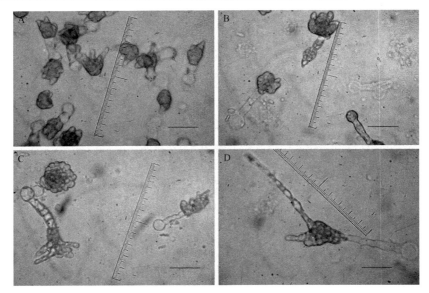

图 9.4　盘状体发育中的特殊现象

A. 围绕在小盘状体周围的辐射状结构，bar＝45 μm；B、C. 由一列细胞构成的长长的萌发管，bar＝45 μm；
D. 细长透明的丝状体结构发生在发育中的盘状体上，bar＝45 μm

Figure 9.4　Abnormal developing discoid crusts

A. radiate filamentous structures around the small discoid crusts, bar = 45 μm; B,C. long germ tubes consisting of a row
of cells, bar = 45 μm; D. long colorless filament structures from the developing discoid crust, bar = 45 μm

　　萌发的果孢子在 25℃、32 μmol photons/（m² · s）光照强度和 10 h/14 h 光周期条件下，在 7 天左右形成小的盘状体（图 9.5A）。3 周后，独立盘状体（未发生粘连）的最大直径可达 240 μm（图 9.5B）。在所有设计的温度条件下，3 周后均出现了盘状体。在附着后的第 30～35 天，在部分盘状体的中间区域开始轻微拱起，通过基部分生细胞的快速分裂逐渐形成骨突状隆起，最终发育产生直立幼苗（图 9.5C、图 9.5D）。

　　总体而言，扇形拟伊藻果孢子的早期发育如图 9.6 所示，包含成熟的雌性四分孢子体（图 9.6A）、果孢子的释放（图 9.6B）、果孢子的细胞分裂（图 9.6C）、萌发管的发生和延长（图 9.6D、图 9.6E）、盘状体的形成（图 9.6F～H）和直立幼苗（图 9.6I）。

9.2.3　温度对果孢子萌发的影响

　　在 32 μmol photons/（m² · s）光照强度下，温度梯度（10℃、15℃、20℃、25℃）对于扇形拟伊藻果孢子的萌发率（germination rate）在果孢子附着后 3 天进行测量和 ANOVA 统计分析，结果显示温度（10℃、15℃、20℃、25℃）对其有显著的影响（$F＝31.005$，$P＜0.01$）（图 9.7）。在较高的温度条件下果孢子的萌发

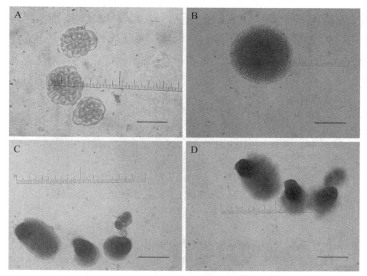

图 9.5　盘状体到直立幼苗的发育过程

A. 1 周左右的盘状体，示细胞的布局，bar＝40 μm；B. 3 周大的盘状体，示盘状体直径的增加，bar＝100 μm；
C. 出现在盘状体上的直立幼苗，bar＝180 μm；D. 直立幼苗的侧面观，bar＝160 μm

Figure 9.5　Development from discoid crusts into upright sporelings

A. one-week-old discoid crusts, showing cell arrangement, bar = 40 μm; B. three-weeks-old discoid crust, showing
increase in diameter, bar = 100 μm; C. upright sporelings appeared from discoid crusts, bar = 180 μm; D. side view of
upright sporelings, bar = 160 μm

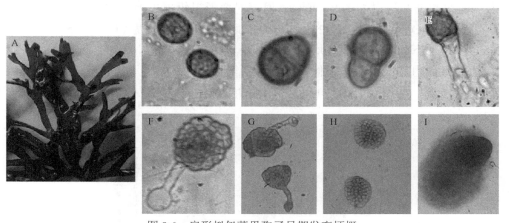

图 9.6　扇形拟伊藻果孢子早期发育梗概

A. 发生在雌性藻体上的囊果；B. 果孢子的释放；C. 果孢子的第一次分裂；D. 萌发管的萌出；E. 萌发管的
伸长；F. 各种各样的细胞分裂；G. 具有长萌发管的盘状体；H. 盘状体；I. 直立幼苗

Figure 9.6　Sketch of early development of carpospores in *A. flabelliformis*

A.cystocarps present in female fronds; B. the released carpospores; C. the first transverse cell division of carpospre; D.
initiation of germ tubes; E. elongation of germ tube; F. various cell divisions;
G. discoid crusts with long germ tubes; H. discoid crusts; I. upright sporeling

率较高，最大的萌发率出现在 25℃条件下，达到 69.6%。并且，果孢子的萌发率在 10℃、15℃ 和 25℃条件下，两两之间均存在显著性差异；但在温度梯度 15℃和 20℃之间，以及 20℃ 和 25℃之间差异不显著。结果证明，高温明显有利于果孢子的萌发。

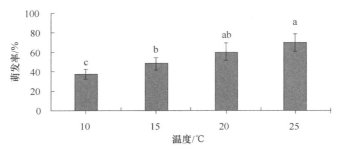

图 9.7　温度对扇形拟伊藻果孢子萌发率的影响
数据显示为平均数±标准差；差异显著性用不同的字母表示（P＜0.01）
Figure 9.7　Effects of temperature on germination rates
values are means ± SD; statistically significant differences are indicated by letter superscripts（P＜0.01）

9.2.4　温度对盘状体生长的影响

在 32 μmol photons/（m² · s）光照强度下，温度梯度（10℃、15℃、20℃、25℃）对于扇形拟伊藻果孢子的盘状体直径的影响在附着后 3 周进行测量和统计，所得数据和结果如图 9.8 所示。温度对扇形拟伊藻果孢子的盘状体直径有显著影响（ANOVA，$F=192.027$，$P＜0.01$）。在各个实验温度（10℃、15℃、20℃、25℃）条件下的盘状体直径均存在显著差异（Tukey，$P＜0.01$）。低温条件下盘状体的直径明显低于高温条件下的直径。例如，10℃条件下，直径为 101.6 μm；25℃条件下，直径为 183.2 μm。观察到的盘状体的最大直径为 240 μm，出现在 25℃条件下。

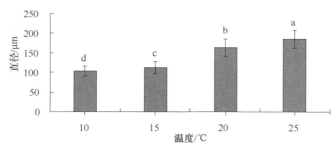

图 9.8　温度对扇形拟伊藻盘状体直径的影响
数据显示为平均数±标准差；差异显著性用不同的字母表示（P＜0.01）
Figure 9.8　Effects of temperature on diameters of discoid crusts
values are means ± SD; statistically significant differences are indicated by
letter superscripts (P＜0.01)

9.3 讨　　论

　　红藻果孢子的附着对其萌发和生活史的完成是至关重要的（Bouzon et al.，2006）。在本研究中发现，附着在浸泡在灭菌海水中盖玻片上的扇形拟伊藻果孢子仅仅经过很短的时间就开始萌发，但那些悬浮在海水中的果孢子却始终没有萌发。然而，并不是所有附着的果孢子都能萌发，并发育成盘状体。虽然在25℃条件下，果孢子有较高的萌发率，但是也有30%左右附着的果孢子不能正常萌发。关于其不能萌发的原因目前还不清楚，我们猜测可能部分放散的果孢子自身存在一定的生理生化上的缺陷，导致其不能萌发，也可能由于人工培养介质下有限的空间和营养条件，尚不能满足其实现最大萌发的需要，限制了部分果孢子的萌发。

　　不能萌发的果孢子其颜色首先由红色变为绿色，并渐渐变成苍白色而消失。关于果孢子在早期发育过程中的颜色变化在其他红藻种类的相关研究中已有报道（Zhao et al.，2010；Wang et al.，2012）。因而，在扇形拟伊藻的早期发育过程中果孢子的色素改变可以作为其生活力的指示特征。

　　在自然条件下，扇形拟伊藻在夏季成熟，也说明高温有利于其萌发和早期生长。因此，我们的研究数据显示，果孢子的最大萌发率，最大的盘状体直径都出现在较高的温度条件下是非常符合逻辑的，表现出与其繁殖季节温度的一致性，这种一致性有利于其新生代获得较高的成活率，提高其群落的竞争力。扇形拟伊藻在20℃条件下萌发率为58.9%，在25℃条件下萌发率为69.6%，和之前有报道的江蓠科其他种类的红藻果孢子的萌发率非常接近（Yokoya and Oliveira，1993；Orduña-Rojas and Robledo，1999；Ye et al.，2006；Miranda et al.，2012）。但是由于涉及果孢子的萌发和早期发育，涉及多个过程或因素的相互作用。例如，环境因子、基因转录水平以及多种复杂的生理和生化过程，目前仍然很难阐释清楚其果孢子的发育机制。因而，后续研究需设计更为细化的营养条件、温度和光照梯度条件才能阐释对于扇形拟伊藻果孢子萌发和盘状体生长的最适条件，以及能否获得更高的萌发率。

　　扇形拟伊藻早期发育过程中最常见到2～4个盘状体的粘连现象（图9.3F），偶尔，可以在25℃条件下观察到超过5个盘状体的粘连现象。与此相类似的现象，也出现在其他种类的红藻中，如江蓠中曾有报道（Jones，1956；Ren and Chen，1986），甚至有超过50个盘状体发生粘连的记录（Jones，1956）。红藻相关种类盘状体的粘连现象不论在天然条件还是人工条件下都是有利的，因为其早期发育过程中单个盘状体的粘连有助于瞬间实现规模空间扩增，从而增加了在其上萌出的直立幼苗的生存机会（Santelices and Alvarado，2008），有利于海藻对于海洋环境的适应（Kain and Destombe，1995；Santelices et al.，1996）。

　　扇形拟伊藻的直立幼苗可以发生在单个的盘状体上，也可以发生在粘连的盘状体上。但是往往在由 5～8 个盘状体粘连形成的融合的大型盘状体上，只能够发生 3～5 棵直立幼苗。Santelices 等（2004）研究发现，在发生粘连的盘状体上能否发生直立幼苗，主要取决于在发生接触前盘状体的直径。我们观察发现，相互粘连的盘状体直径大小是相似的，相粘连的盘状体尽管直径的生长受到一定的影响，但可以继续发育最终形成直立幼苗，只是不是每个参与粘连的盘状体中部都有幼苗出现。然而，Santelices 等（2011）在对 *Mazzaella laminarioides* 的野外调查实验中报道指出，来自 50～100 个粘连的大型融合盘状体上发生直立幼苗和分支的数量远远超过在独立盘状体，或者少数盘状体发生融合的小型盘状体上的幼苗发生数量。而且，目前没有发现在独立盘状体和大的粘连盘状体上发生的幼苗之间有明显的区别。

　　扇形拟伊藻果孢子的发育呈现出典型的 3 个时期，细胞分裂期、盘状体期和直立幼苗期，和拟伊藻属其他种类类似（Masuda and Kogame，1998；Masuda et al.，1997；León-Alvarez et al.，1997）。在本实验中，观察到了直立幼苗，却没有发现壳状的四分孢子体。我们推测这里的扁圆形壳状体和直立幼苗是同一个生活史阶段，因为它们本身没有明显的分区和划分。这种现象通常发生在野外试验中，在某些分布区，仅仅发现了壳状体，而在另外的地点，仅仅发现了直立幼苗却未见产生四分孢子的壳状植物体分布。需要设计详尽的解剖学观察试验和野外育苗试验来进一步证实和确定。

　　在本实验中，我们在扇形拟伊藻的发育过程中观察到了明显的丝状体现象（图 9.3E、图 9.3F），丝状体的特征与之前有报道的该属的近荣拟伊藻（*A. paradoxa*）（Masuda et al.，1997）和三叶拟伊藻（*A. triquetrifolia*）（Masuda and Kogame，1998）相类似。这些丝状体是可以脱落的。同高等植物的愈伤组织及其他藻类的类愈伤组织相比，丝状体可认为是海藻类愈伤组织的一种。目前，在扇形拟伊藻的生活史相关研究中，没有关于丝状体阶段存在的记录。对扇形拟伊藻的组织培养目前尚未见报道。

　　如果能够实现对扇形拟伊藻等红藻藻种丝状体的室内培养和人工扩培，获得技术突破，尝试将其丝状体作为种质保存的手段，将有利于经济红藻种类的纯系培养和种苗培育，具有很高的应用价值。因而，关于丝状体的形成机制及在红藻的早期发育过程中的功能还需进行进一步的研究。

10 结 论

　　本研究在室内对一种经济马尾藻鼠尾藻的有性生殖幼苗和三种大型经济红藻：真江蓠、金膜藻和扇形拟伊藻有性生殖或果孢子幼苗的早期发育过程进行了跟踪观察，并尝试对其幼苗进行室内培养，阐明了幼苗在不同光照、温度培养条件下的生长规律及发育生物学特征。本研究将进一步丰富几种大型经济海藻的繁殖生物学和生活史特征，并为扩充经济海藻人工养殖种质来源和相应的人工种苗培育技术的开发提供实验依据。

　　（1）室内对鼠尾藻幼苗早期发育过程的形态学观察实验结果显示，鼠尾藻幼苗的早期发育过程属于马尾藻科中典型的"8 核 1 卵"型。在特定条件下培养 2 个月后，得到了具有 1～2 个小叶，长度 2～3 mm 的幼苗。鼠尾藻幼苗的早期发育过程研究结果显示，在 88 μmol photons/（m^2·s）的条件下培养 1 周后，温度变量（10℃、15℃、20℃、25℃）对幼苗的生长有显著的影响（$P<0.01$）；而培养 8 周后，其影响的显著性减弱，尤其是 15℃和 20℃条件下，幼苗生长量差异不显著，显示了鼠尾藻幼苗发育具有较宽的温度耐受范围，在 10～25℃，9～88 μmol photons/（m^2·s）条件下均可生长，其最适的温度和光照生长条件为 25℃，44 μmol photons/（m^2·s），低温（10℃）对幼苗的生长有显著的负面影响。

　　本研究还发现，在 25℃条件下，不同的光照强度 [9 μmol photons/（m^2·s）、18 μmol photons/（m^2·s）、44 μmol photons/（m^2·s）、88 μmol photons/（m^2·s）] 对幼苗的生长也有显著的影响（$P<0.01$）。另外，培养在蓝光条件下幼苗的生长速度明显低于在相同光强 [73 μmol photons/（m^2·s）] 白光条件下的幼苗，说明不同的光质对幼苗的生长也具有显著的影响（$P<0.01$），相同光强的蓝光和白光相比，蓝光明显不能满足鼠尾藻幼苗的生长需要。

　　（2）真江蓠、金膜藻和扇形拟伊藻的果孢子早期发育过程和多数红藻的正常发育途径类似，主要经过 3 个时期：早期分裂期、盘状体期和直立幼苗期，其中金膜藻和扇形拟伊藻在形成盘状体的过程中，往往形成明显的由单列细胞构成的柄状结构，并于盘状体初步形成时消失，与真江蓠的发育过程不同。并且，在其盘状体期均观察到了盘状体粘连的现象，金膜藻粘连涉及的盘状体数目明显高于真江蓠，扇形拟伊藻的粘连程度居中，并且在扇形拟伊藻从果孢子到盘状体发育过程中有一些特殊的发育形态出现。

　　另外，在 3 种红藻果孢子的发育过程中均观察到一个新的现象，即有丝状体出现，展现了一个真江蓠、金膜藻和扇形拟伊藻早期发育的特殊途径，在对其的人工育苗研究中具有潜在的应用价值。丝状体主要由1～2列长柱状细胞构成，最早发生于盘状体的边缘。丝状体可以单独或者和直立幼苗共存于同一个盘状体。本研究还发现，从真江蓠丝状体脱离的单个细胞可以发育成新的丝状体。

　　（3）金膜藻的生长实验数据显示，温度和光照都对金膜藻的早期发育有显著的影响，都是其早期发育和生长的重要影响因素。在 36 µmol photons/（m^2·s）光照条件下，15～25℃是果孢子萌发的适宜条件；盘状体在 25℃ 和 36 µmol photons/（m^2·s）条件下生长最为迅速；而低温（10℃）和低光照 [8 µmol photons/（m^2·s）] 不利于金膜藻果孢子萌发和盘状体的生长。

　　扇形拟伊藻的生长实验数据显示，温度显著地影响果孢子萌发和盘状体形成，可见在其早期发育进程中温度是重要的影响因素之一。在 32 µmol photons/（m^2·s）光照条件下，果孢子可在 10～25℃的温度范围内萌发，比较而言 20～25℃是果孢子萌发的最适宜条件；而盘状体在 25℃ 和 32 µmol photons/（m^2·s）条件下生长最为迅速；而低温（10～15℃）不利于扇形拟伊藻果孢子萌发和盘状体的生长。

参 考 文 献

蔡心涵，郑树，何立明，等．1995．藻蓝蛋白用于激光治癌的研究．中华实验外科杂志，12（5）：290-291．

蔡泽平，胡超群，张俊彬．2005．真鲷与石莼池塘混养试验．热带海洋学报，24（4）：1-6．

常秀莲，王文华，冯咏梅，等．2003．海黍子吸附重金属镉离子的研究．海洋通报，22（4）：26-31．

陈汉辉．1999．利用藻类净化水源水质的实践与探讨．水资源保护，55（1）：18-20．

陈美琴，任国忠．1985．江蓠幼苗的早期发育过程．海洋与湖沼，16（3）：181-187．

陈美琴，任国忠．1987．温度对真江蓠幼苗早期生长发育的影响．海洋与湖沼，18（3）：301-308．

陈阅增．1997．普通生物学．北京：高等教育出版社．

陈灼华，郑怡，庄惠如．1994．10 种红藻和褐藻抗细菌抗真菌活性的研究．福建师范大学学报（自然科学版），
    10（4）：75-79．

初建松，刘万顺，张朝阳．1998．江蓠原生质体分离和培养的初步研究．海洋通报，17（6）：17-19．

崔征，李玉山，肇文荣，等．1997．中药海藻及数种同属植物的药理作用．中国海洋药物，3：5-8．

樊扬，李纫芷．2000．龙须菜匍匐体类愈伤组织诱导及机制分析．海洋与湖沼，31（1）：29-34．

范晓，张士璀，秦松，等．1999．海洋生物技术新进展．北京：海洋出版社．

范振刚．1981．胶州湾潮间带生态学的研究——Ⅰ岩石岸潮间带．生态学报，1（2）：117-125．

方同光，张学明，赵学武．1964．几种海藻的渗透生理与它们在潮间带分布的关系．海洋与湖沼，6（1）：85-96．

傅杰，隋战鹰．1986．葫芦岛的季节性海藻．东北师范大学报（自然科学版），（2）：79-90．

傅杰，隋战鹰．1997．辽宁沿海经济海藻的研究．辽宁教育学院学报，14（5）：49-51．

高桥武雄．1961．海藻工业．纪明候译．北京：轻工业出版社．

葛颂．1997．植物群体遗传结构研究的回顾和展望．见：李承森．植物科学进展（第一卷）．北京：高等教育出版社．

葛颂，洪德元．1994．遗传多样性及其检测方法．见：钱迎倩，马克平．生物多样性研究的原理和方法．北京：
    中国科学技术出版社．

韩晓弟，李岚萍．2005．鼠尾藻特征特性与利用．特种经济动植物，（1）：27．

何京．2004．江蓠的人工栽培技术．齐鲁渔业，21（4）：13-14．

贺凤伟．2002．渤海沿岸几种速生海藻无机营养元素的分析．锦州师范学院学报（自然科学版），23（1）：33-36．

胡海峰，朱宝泉，龚炳永．1999．乙酰胆碱酯酶及其抑制剂的研究进展．国外医药：抗生素分册，20（2）：81-87．

华玉琴，孙建华，李会轻，等．2000．我国真江蓠生物活性物质 PG 的检出．中国海洋药物，（3）：31-32．

黄志斌．1996．水产品综合利用工艺学．北京：中国农业出版社．

霍玉书，秦丽雅，唐泽耀，等．1995．海产中药——鼠尾藻、角叉菜降糖作用的实验研究．中国中医药科技，
    2（1）：26-28．

纪明侯，张燕霞．1962．海藻微量元素的研究．海洋与湖沼，4（1-2）：38-48．

季宇彬，孔琪，杨卫东，等．1998．羊栖菜多糖对 p388 小鼠红细胞免疫促进作用的机制研究．中国海洋药物杂志，
    2：14-18．

姜凤梧，张玉顺．1994．中国海洋药物辞典．北京：海洋出版社．

孔杰．1987．绿管浒苔和孔石莼原生质体融合．海洋水产研究，8：21-29．

匡梅，王素娟，李瑶，等．1998．基因枪作用下的外源 GUS 基因在四种红藻组织块种的瞬间表达．水产学报，
    22（2）：178-181．

李八方，毛文君，胡建英．1999．羊栖菜水提取物及其复方食品对肌体生长发育的影响．中国海洋药物，4：35-39．

李冠武，王广策，齐媛，等．1999．R-藻红蛋白光动力杀伤的形态学机制研究．中国科学技术大学学报，29（5）：
    560-564．

李前，朱振霞，孙曼霁．2002．乙酰胆碱酯酶与老年性痴呆关系的研究进展．中国老年学杂志，22（4）：325-326．

李伟新，丁镇芬．1990．广东及海南岛常见的褐藻．湛江水产学院学报，10（2）：23-31．

李伟新，朱仲嘉．1982．海藻学概论．上海：上海科学技术出版社．

李文红，胡自民，覃志彪，等．2004．细基江蓠及其繁枝变种的 RAPD 和 ITS 分析．海洋学报，26（6）：89-95.

李修良，李美真．1986a．江蓠［*Gracilaria vessucosa*（Hude）Papenfuss］孢子体、雌配子体的生长比较．海洋湖沼通报，（3）：63-68.

李修良，李美真．1986b．高潮带梯田江蓠育苗和养成的初步试验．海洋药物，（1）：52-54.

李玉山，崔征，殷军，等．1996．7 种马尾藻属海藻碘与微量元素的含量测定．中国海洋药物，4：35-57.

林超，于曙光，郭道森，等．2006．鼠尾藻中褐藻多酚化合物的抑菌活性研究．海洋科学，30（3）：94-97.

刘朝阳，孙晓庆，范士亮．2006．当前刺参养殖面临的主要困境及发展策略．饲料工业，27（22）：28-30.

刘启顺，姜洪涛，刘雨新，等．2006．鼠尾藻人工育苗技术研究．齐鲁渔业，23（12）：5-10.

刘秋英，孟庆勇，刘志辉．2003．两种海藻多糖的提取分析及体外抗肿瘤作用．广东药学院学报，19（4）：336-337.

刘思俭．1988．中国的江蓠栽培业．湛江水产学院学报，（1）：25-31.

刘思俭．1989．中国江蓠人工栽培的现状和展望．水产学报，13（2）：173-180.

刘思俭，揭振英，曾淑芳．1990．细基江蓠密集型采孢子培育幼苗试验．湛江水产学院学报，10（2）：89-91.

刘思俭，林本松，曾淑芳，等．1986．细基江蓠潮间带浮筏式夹苗试验．湛江水产学院学报，1：35-38.

刘涛，崔竞进，王翔宇．2004．一种基于体细胞育苗技术的鼠尾藻良种繁育方法．CN200410075810. X.

刘宇峰，徐力致，张成武，等．2000．红藻藻蓝蛋白对 HL-60 细胞生长的抑制作用．中国海洋药物，（1）：20-24.

马育，汤先觉，杨晓兰．1999．血液净化吸附剂研究交联琼脂包嵌凹凸棒（CAA）微囊的吸附性能．重庆医科大学学报，24（1）：71-73.

梅俊学，侯旭光．1998．威海市区沿岸潮间带海藻季节变化的观察研究．海洋湖沼通报，3：51-56.

牛荣丽，范晓，韩丽君．2003．海藻提取物抗炎活性的筛选．海洋与湖沼，34（2）：150-154.

逄少军，费修绠，肖天，等．2001．通过控制卵子和精子的排放实现羊栖菜人工种苗的规模化生产．海洋科学，25（4）：53-54.

秦松，童顺，崔武，等．1994．红藻真江蓠质粒的发现．海洋与湖沼，25（4）：349-352.

任国忠，陈美琴．1986．关于江蓠幼苗发育过程中盘状体的"愈合"现象．海洋科学，10（1）：49-51.

阮积慧，徐礼根．2001．羊栖菜 *Sargassum fusiforme* Setch 繁殖与发育生物学的初步研究．浙江大学学报，28（3）：315-320.

邵魁双．2003．海藻无性系的构建．青岛：中国科学院海洋研究所博士研究生学位论文．

师然新，徐祖洪．1997．青岛沿海九种海藻的类脂及酚类抗菌活性的研究．中国海洋药物，5（4）：16-19.

隋正红，张学成．1998．藻红蛋白研究进展．海洋科学，（4）：24-27.

孙建璋，方家仲，朱植丰．1996．羊栖菜 *Sargassum fursiforme* Setch 繁殖生物学的初步研究．浙江水产学报，15（4）：242-248.

孙修涛，王飞久，刘桂珍．2006．鼠尾藻新生枝条的室内培养及条件优化．海洋水产研究，27（5）：7-12.

孙修涛，王飞久，张立敏，等．2007．鼠尾藻生殖托和气囊的形态结构观察．海洋水产研究，28（3）：125-131.

孙雪，张学成，茅云翔，等．2003．几种江蓠属海藻的 ISSR 标记分析．高技术通讯，9：89-93.

谭征．1996．海洋博物馆．天津：天津教育出版社．

汤学军，潘列梅，刘慧玲．2004．马尾藻活性物质对水稻幼苗抗旱性的作用．海洋科学，28（10）：45-47.

陶平，贺风伟．2001．大连沿海三种大型速生海藻的营养组成分析．中国水产科学，7（4）：60-63.

田素敏，刘德厚．1989．江蓠孢子放散的观察．海洋湖沼通报，（3）：46-49.

童圣英，王子臣，于淑敏，等．1998．微细配合饲料代替单胞藻作为海湾扇贝亲贝及面盘幼虫食料的研究．大连水产学院学报，13（1）：1-7.

王爱华．2005．红藻无性繁殖系的诱导及其发育机制的初步研究．青岛：中国科学院海洋研究所博士研究生学位论文．

王飞久，孙修涛，李锋．2006．鼠尾藻的有性繁殖过程和幼苗培育技术研究．海洋水产研究，27（5）：1-6.

王焕明．1994．藻虾混养的研究——Ⅰ 江蓠与新对虾、青蟹在鱼塘中混养的试验．海洋湖沼通报，3：52-59.

王吉桥，靳翠丽，张欣，等．2001．不同密度的石莼与对虾混养实验．水产学报，25（1）：32-38.

王仁君，唐学玺，冯蕾，等．2006．鼠尾藻对赤潮异弯藻和中肋骨条藻的抑制作用．应用生态学报，17（12）：2421-2425.

王如才，于瑞海．1989．海藻榨取液在海湾扇贝亲贝蓄养中的应用．海洋科学，6：55-56.

王素娟．1994．海藻生物技术．上海：上海科学技术出版社．

王素娟, 沈怀舜. 1993. 条斑紫菜自由丝状体无性繁殖系快速培养及其养殖. 上海水产大学学报, 2 (1): 1-5.

王素娟, 徐志东. 1986. 数种江蓠多核现象的研究. 海洋与湖沼, 17 (6): 527-529.

王伟定. 2003. 浙江省马尾藻属和羊栖菜属的调查研究. 上海水产大学学报, 12 (3): 227-232.

王增福. 2007. 鼠尾藻的生理生态和繁殖生物学研究. 青岛: 中国科学院海洋研究所研究生院硕士研究生学位论文.

魏玉西, 李敬, 赵爱云, 等. 2006. 鼠尾藻多糖的制备及其抗凝血活性的初步研究. 中国海洋药物杂志, 25 (2): 41-44.

魏玉西, 徐祖洪. 2003. 褐藻中高分子质量褐藻多酚的抗氧化活性研究. 中草药, 34 (4): 317-319.

魏玉西, 于曙光. 2002. 两种褐藻乙醇提取物的抗氧化活性研究. 海洋科学, 26 (9): 49-51.

吴超远, 张京浦, 温宗存, 等. 1996. 青岛三种海产红藻的光合和呼吸特性的初步研究. 海洋与湖沼, 27 (2): 207-212.

吴征镒. 1990. 新华本草纲要. 第三册. 上海: 上海科学技术出版社.

夏镇澳. 1985. 植物原生质体融合研究近况. 植物生理学通讯, 4: 13-18.

徐建荣. 1992. 两种江蓠果孢子的融合研究. 青岛海洋大学学报, 22 (1): 111-122.

徐石海, 丁立生, 王明奎, 等. 2002. 匍枝马尾藻的化学成分研究. 有机化学, 22 (2): 138-140.

徐涛, 李少林, 潘继伦, 等. 1999. 琼脂微载体的制备及肝细胞附着生长情况的研究. 高等学校化学学报, 20 (8): 1230-1232.

徐秀丽, 范晓, 韩丽君. 2003. 山东海区大型海藻抗肿瘤及免疫活性. 海洋科学, 27 (9): 44-48.

徐秀丽, 范晓, 宋福行. 2004. 中国经济海藻提取物生物活性. 海洋与湖沼, 35 (1): 55-63.

徐芝敏, 蒋加伦, 孙建璋. 1994. 南麂列岛潮间带海藻资源与生态. 东海海洋, 12 (2): 29-43.

许忠能, 林小涛. 2001. 江蓠的资源与利用. 中草药, 32 (7): 654-657.

严小军, 周天成, 娄清香, 等. 1996. 褐藻多酚含量的季节变化. 海洋科学, 20 (5): 39-42.

姚南瑜, 安力佳, 康晓慧, 等. 1985. 近海底栖藻类对介质渗透压变化的适应研究. III. 潮间带底栖红藻在不同海水浓度条件下的光合作用. 海洋与湖沼, 16 (4): 310-315.

叶立勋, 郭占杨. 1987. 青岛沿岸底栖海藻群落秋冬季节的组成及其变化的初步研究. 海洋通报, 8 (2): 44-46.

于广利, 吕志华, 王曙光, 等. 2000. 海黍子提取物对不饱和脂质抗氧化作用. 青岛海洋大学学报, 30 (1): 75-80.

原永党, 张少华, 孙爱凤, 等. 2006. 鼠尾藻劈叉筏式养殖试验. 海洋湖沼通报, (2): 126-128.

曾呈奎. 2000a. 中国海藻志. 第三卷. 北京: 科学出版社.

曾呈奎. 2000b. 中国海藻志. 第二卷. 北京: 科学出版社.

曾呈奎, 陈淑芬. 1959. 真江蓠的繁殖习性和幼苗的室内培育. 科学通报, 6: 202-203.

曾呈奎, 陆保仁. 1985. 东海马尾藻属一新种——黑叶马尾藻. 海洋与湖沼, 16 (3): 169-174.

曾呈奎, 张德瑞, 张峻甫, 等. 1962. 中国经济海藻志. 北京: 科学出版社.

曾繁杰, 杨紫萱, 刘惠平, 等. 1986. 条斑紫菜的藻胆蛋白的研究-I. R-藻红蛋白的物理和免疫化学性质. 中国科学 (B 辑), (4): 364-368.

张成武, 殷志敏, 欧阳平凯. 1995. 藻胆蛋白的开发与利用. 中国海洋药物, (3): 52-53.

张大力. 1983. 两种绿藻——长石莼和袋礁膜原生质体的制备、培养和融合研究. 山东海洋学院学报, 13 (1): 57-65.

张尔贤, 俞丽君. 1997. 鼠尾藻多糖清除氧自由基作用的研究 II UVc、对鼠尾藻多糖抗氧化作用的影响. 中国海洋药物杂志, 16 (3): 1-4.

张尔贤, 俞丽君, 范益华, 等. 1994. 鼠尾藻醇提取物的生理活性和若干生化性质研究. 药物生物技术, 1 (1): 30-34.

张尔贤, 俞丽君, 肖湘. 1995. 鼠尾藻多糖清除氧自由基作用的研究 I 对 $O_2 \cdot$ 与 $\cdot OH$ 抑制作用的评价. 中国海洋药物杂志, 14 (1): 1-4.

张峻甫, 夏邦美. 1962. 中国江蓠属植物地理学的初步研究. 海洋与湖沼, 4 (3-4): 189-198.

张峻甫, 夏邦美. 1964. 叶江蓠和扁江蓠的比较研究. 植物学报, 12 (2): 201-209.

张峻甫, 夏邦美. 1976. 中国江蓠属海藻的分类研究. 海洋科学集刊, 11: 91-163.

张峻甫, 夏邦美. 1985. 中国的真江蓠和英国江蓠. 海洋与湖沼, 16 (3): 175-180.

张兴荣. 1998. 褐藻胶的应用价值. 中国海洋报, (3): 10-17.

张学成, 程晓杰, 隋正红, 等. 1999a. 江蓠属藻胆体的研究——Ⅰ. 藻胆体的分离及吸收光谱特性. 青岛海洋大学学报, 29（2）: 265-270.

张学成, 程晓杰, 隋正红, 等. 1999b. 江蓠属藻胆体的研究——Ⅱ. 藻胆体的荧光光谱特性. 青岛海洋大学学报, 29（3）: 474-478.

张学成, 隋正红, 李向峰, 等. 1999c. 龙须菜研究的新进展. 见: 曾呈奎. 经济海藻种质种苗生物学. 济南: 山东科学技术出版社.

张翼, 冯妍, 李晓明, 等. 2005. 海藻组分抑制乙酰胆碱酯酶活性的研究. 海洋与湖沼, 36（5）: 459-464.

张泽宇, 李晓丽, 韩余香, 等. 2007. 鼠尾藻的繁殖生物学及人工育苗的初步研究. 大连水产学院学报, 22（4）: 255-259.

张志方, 王巍松, 张春艳, 等. 1999. 急性心肌梗死患者外周 T 淋巴细胞表达人白细胞-DR 抗原的变化. 中国动脉硬化杂志, 7（2）: 133-136.

赵兵, 王玉春, 孙学兵, 等. 1999. 循环气升式超声破碎鼠尾藻提取海藻多糖. 中国海洋药物, 4: 19-23.

赵谋明, 刘通讯, 吴晖, 等. 1997. 江蓠藻的营养学评价. 营养学报, 19（1）: 64-70.

郑柏林, 王筱庆. 1961. 海藻学. 北京: 农业出版社.

郑怡, 陈灼华. 1993. 鼠尾藻生长和生殖季节的研究. 福建师范大学学报, 9（1）: 81-85.

周云龙. 1999. 植物生物学. 北京: 高等教育出版社.

庄树宏, 陈礼学. 2003. 烟台月亮湾岩岸潮间带底栖海藻群落结构的季节变化. 青岛海洋大学学报, 33（5）: 719-726.

庄树宏, 陈礼学, 孙力. 2003. 南长山岛岩岸潮间带底栖藻类群落结构的季节变化格局. 海洋科学进展, 21（2）: 194-202.

邹吉新, 李源强, 刘雨新, 等. 2005. 鼠尾藻的生物学特性及筏式养殖技术研究. 齐鲁渔业, 22（3）: 25-28.

堀辉三. 1993. 藻类的生活史集成. 东京: 内田老鹤圃出版社.

Abbott I A, Littler M M.1969. Some Rhodymeniales from Hawaii. Phycologia, 8: 65-169.

Agardh J G.1889. G: Species *Sargassorum australiae* descriptae et dispositate. kgl. Svenska Vet.-Akad. Handl, 23:131-133.

Alveal K.1997. Masscultivation of the agar-producing alga *Gracilaria chilensis* (Rhodophyta) from spores. Aquaculture, 148: 77-83.

Ang P O. 2006. Phenology of *Sargassum* spp. in Tung Ping Chau Marine Park, HongKong SAR, China. J Appl Phycol.

Aral A, Miura A. 1985. Growth and maturation of *Sargassum thunbergii* (Mertens ex Roth) O. Kuntze (Phaeophyta, Fucales) at Kominto, Chiba Prefecturs. Jpn J Phycol, 33: 160-166.

Batley J B, Hayes P K. 2003. Development of high throughout single nucleotide polymorphism genotyping for the analysis of *Nodularia* (Cyanobacteria) population genetics. J Phycol, 39: 248-252.

Bohonak AJ. 1999. Dispersal, gene flow and population structure. Q Rev Biol, 74: 21-45.

Bosttein D R, White R L, Skolnick M, et al. 1980. Construction of a genetic linkage map in man using restriction fragment length polymorphisms. American Journal of Human Genetics, 32: 314-331.

Bouza N, Caujapé- Castells J, González-Pérez M Á, et al. 2006. Genetic structure of natural populations in the red algae *Gelidium canariense* (Gelidiales, Rhodophyta) investigated by random amplified polymorphic DNA (RAPD) markers. J Phycol, 42: 304-311.

Bouzon Z L, Ouriques L C, Oliveira E C. 2006. Spore adhesion and cell wall formation in *Gelidium floridanum* (Rhodophyta, Gelidiales) . J Appl Phycol, 18:287-294.

Britton-Simmons K H. 2004. Direct and indirect effects of the introduced alga *Sargassum muticum* on benthic, subtidal communities of Washington State, USA. Mar Ecol-Prog Ser, 277: 61-78.

Brown A H D. 1978. Isozymes, plant population genetic structure and genetic conservation. Theor Appl Genet, 52: 145-157.

Bulboa C, Macchiavello J, Véliz K, et al. 2010. Germination rate and sporeling development of *Chondracanthus chamissoi* (Rhodophyta, Gigartinales) varies along a latitudinal gradient on the coast of Chile. Aquat Bot, 92:137-141.

Candia A, Gonzalez W A, Montoya R, et al.1999. Comparison of ITS RFLP patterns of *Gracilaria* (Rhodophyceae, Gracilariales) populations from Chile and New Zealand and an examination of interfertility of Chilean morphotypes. J Appl Phycol, 11: 185-193.

Carlson P S, Smith H H, Dcaring R D. 1972. Parasexual interspecific plant hybridization. Proc Natl Acad Sci USA, 69: 2292-2294.

Chen F, Wang S, Guo W X, et al. 2005. Determination of amino acids in *Sargassum fusiforme* by high performance capillary electrophoresis. Talanta, 66 (3) : 755-761.

Chen Y C. 1999. The ultrastructure of *Grateloupia filicina* (Halymeniaceae, Rhodophyta) pit plugs. Bot Mar, 42: 531-538.

Chiang Y M. 1980. Cultivation of *Gracilaria* (Gigartinales Rhodophycophyta) in Taiwan. *In*: Levring T. 1981. Proceedings of the Xth international seaweed symposium, the Electrochemical Society: 18-20.

Chiang Y M. 1993. The developmental sequence of the marine red alga *Grateloupia filicina* in culture.Korean J Phycol, 8: 231-237.

Chopin T. 2001. Integrating seaweeds into marine aquaculture systems: a key toward sustainability. J Phycol, 37: 975-986.

Coleman M A, Brawley S H. 2005. Are life history characteristics good predictors of genetic diversity and structure? A case study of the intertidal alga *Fucus spiralis* (Heterokontophyta, Phaeophyceae) . J Phycol, 41: 753-762.

Coyer J A, Olsen J L, Stam W T. 1997. Genetic variability and separation in the sea palm kelp *Postelsia palmaeformis* (Phaeophyceae) as assessed with M13 fingerprints and RAPDs. J Phycol, 33: 561-581.

Coyer J A, Peters A F, Stam W T. et al.2003. Post-ice age reclonization and differentiation of *Fucus serratus* L. (Phaeophyceae, Fucaceae) populations in Northern Europe. Mol Ecol, 12: 1817-1829.

de Wreede R E. 1976. The phenology of three speciese of *Sargassum* (Sargassaceae, Phaeophyta) in Hawaii. Phycologia, 15: 175-183.

de Wreede R E. 1978. Growth in varying culture conditions of embryos of three Hawaiian species of *Sargassum* (Phaeophyta, Sargassaceae) . Phycologia, 17: 23-31.

Dempster T, Kingsford M J. 2004. Drifting objects as habitat for pelagic juvenile fish off New South Wales, Australia. Mar Freshwater Res, 55 (7) : 675-687.

Destombe C, Godin J, Nocher M, et al.1993. Differences in response between haploid and diploid isomorphic phases of *Gracilaria verrucosa* (Rhodophyta, Gigartinales) exposed to artificial environmental conditions. Hydrobiologia, 260-261:131-137.

Diaz-Villa T, Afonso-Carrillo J, Sanson M. 2004. Vegetative and reproductive morphology of *Sargassum orotavicum* sp. nov (Fucales, Phaeophyceae) from the Canary Island (eastern Atlantic Ocean) . Bot Mar, 47 (6) : 471-480.

Diaz-Villa T, Sanson M, Afonso-Carrillo J. 2005. Seasonal variations in growth and reproduction of *Sargassum orotavicun* (Fucales, Phaeophyceae) from the Canary Islands. Bot Mar, 48 (1) : 18-29.

Diniz V, Volesky B. 2005. Biosorption of La, Eu and Yb using *Sargassum* biomass. Water Res, 39 (1) : 239-247.

Donaldson S L, Chopin T, Saunders G W. 1998. Amplication fragment length polymorphism (AFLP) as a source of genetic markers for red algae. J Appl Phycol, 10: 363-370.

Donaldson S L, Chopin T, Saunders G W. 2000. An assement of the AFLP method for investigating population structure in the red alga *Chondrus crispus* Stackhouse (Gigartinales, Florideophyceae) . J Appl Phycol, 12: 25-35.

Doty M X, Fisher J R, Zablackis E K, et al. 1986. Experiments with Gracilaria in Hawaii, 1983-1985. Honolulu: University of Hawaii, Hawaii Botanical Science Paper, 46: 486.

Engel C R, Destombe C, Valero M. 2004. Mating system and gene flow in the red seaweed *Gracilaria gracilis*: effect of haploid-diploid life history and intertidal rocky shore landscape on fine-scale genetic structure. Heredity, 92: 289-298.

Engelen A H, Aberg P, Olsen J L, et al.2005. Effects of wave exposure and depth on biomass, density and fertility of the fucoid seaweed *Sargassum polyceratium* (Phaeophyta, Sargassaceae) . Eur J Phycol, 40 (2) : 149-158.

Engelen A H, Olsen J L, Breeman A M, et al. 2001. Genetic differentiation in *Sargassum polyceratium* (Fucales, Phaeophyceae) around the island of Curacao (Netherlands Antilles) .Mar Biol, 139: 267-277.

Excoffier L G, Laval G, Schneider S. 2005. Arlequin ver. 3.0: An integrated software package for population genetics data analysis. Evol Bioinform, 1: 47-50.

Falk D A, Holsinger K E. 1991. Genetics and Conservation of Rare Plants. New York：Oxford University Press.

Faugeron S, Martinez E A, Correa J A, et al. 2004. Reduced genetic diversity and increased population differentiation in peripheral and overharvested populations of *Gigartina skottsbergii* (Rhodophyta, Gigartinales) in southern Chile. J Phycol, 40: 454-462.

Faugeron S, Valero M, Destombe C, et al. 2001. Hierarchical spatial structure and discriminant analysis of genetic diversity in the red alga *Mazzaella laminarioides*. J Phycol, 37: 705-716.

Fletcher R L. 1975. Studies on recently introduced brown alga *Sargassum muticum* (Yendo) Fensholt. Ⅱ Regenerative ability. Bot Mar, ⅩⅧ: 157-162.

Friedlander M, Dawes C J. 1984. Studies on spore release and sporeling growth from carpospores of *Gracilaria foliifera* (Forsskal) Borgesen var. *angustissima* (Harvey) Taylor I. Growth responses. Aquatic Botany, 19: 221-232.

Gantt E. 1981. Phycobilisomes. Ann Rev Plant Physiol, 32: 327-347.

Gantt E, Conti S F. 1966. Granules associated with the chloroplast lamellae of *Porphyridium cruentum*. J Cell Biol, 29: 424-434.

Gantt E, Lipschultz C A, Grabowski J, et al. 1979. Phycobilisomes from blue-green algae. Isolation criteria and dissociation characteristics. Plant Phisiol, 63: 615-620.

Gillespie R D, Critchley A T. 2001. Assessment of spatial and temporal variablility of three *Sargassum* species (Fucales, Phaeophyta) from KwaZulu-Natal, South Africa. Phycol Res, 49: 241-249.

Glenn E P. 1996. Spore culture of the edible red seaweed, *Gracilaria parvispora* (Rhodophyta) . Aquaculture, 142: 59-74.

Goff L J, Coleman A W. 1990. Red algal plasmids. Curr Genet, 18: 557-565.

Grant V. 1991. The Evolutionary Process: A Critical Study of Evolutionary Theory. New York:Columbia University Press.

Grodzicker T, Williams J, Sharp P A, et al. 1974. Physical mapping of temperature sensitive mutations of adenovirus. Cold Spring Harbor Symp Quant Biol, 39: 439-446.

Guillemin M L, Destombe C, Faugeron S, et al. 2005. Development of microsatellites DNA markers in the cultivated seaweed, *Gracilaria chilensis* (Gracilariales, Rhodophyta) . Mol Ecol Note, 5: 155-157.

Guimarães M, Plastino E M, Oliveira E C. 1999. Life history, reproduction and growth of *Gracilaria domingensis* (Gracilariales, Rhodophyta) from Brazil. Botanica Marina , 42: 481-486.

Gupta P K, Roy J K, Prasad M. 2001. Single nucleotide polymorphisms: a new paradigm for molecular marker technology and DNA polymorphism detection with emphasis on their use in plants. Curr Sci, 80: 524-535.

Hales J M, Fletcher R L. 1989. Studies on the resently introduced brown alga *Sargassum muticum* (Yendo) Fensholt. Ⅳ. The effect of temperature, irradiance and salinity on germling growth. Bot Mar, 32: 167-176.

Hales J M, Fletcher R L. 1990. Studies on the resently introduced brown alga *Sargassum muticum* (Yendo) Fensholt. Ⅴ. Receptacle initiation and growth, and gamete release in laboratory culture. Bot Mar, 33: 241-249.

Hall M M, Vis M L. 2002. Genetic variation in *Batrachospermum helminthosum* (Batrachospermales, Rhodophyta) among and within stream reaches using intersimple sequence repeat molecular markers. Phycol Res, 50: 155-162.

Hamrick J L, Godt M J W. 1990. Allozyme diversity in plant species. In: Brown AHD, Clegg MT, Kahler AL et al. Ed. Plant population genetics, breeding and genetic resources. Sunderland, Mass: Sinauer.

Hamrick J L, Godt M J W. 1996. Effects of life history traits on genetic diversity in plant species. Philos T Roy Soc B, 35: 1291-1298.

Haraguchi H, Murase N, Mizukami Y, et al. 2005. The optimal and maximum critical temperatures of nine species of the *Sargassaceae* in the coastal waters of Yamaguchi Prefecture, Japan. Jpn J Phycol, 53: 7-13.

Harper J L. 1985. Modules, branches and the capture of resources. *In*: Jachson J B C, Buss L W, Cook R C . 1985. Population Biology and Evolution of Clonal Organisms. New Haven, Connecticut: Yale University Press: 1-33.

Hidenobu K, Kouichi M. 2000. Temporal and spatial variation in the macrophyte distribution in coastal lagoon Lake Nakaumi and its neighboring waters. Journal of Marine Systems, 26 (2) : 223-231.

Huang X, Zhou H, Zhang H. 2006. The effect of *Sargassum fusiforme* polysaccharide extracts on vibriosis resistance and immune activity of the shrimp, *Fenneropenaeus chinensis*. Fish Shellfish Immunol, 20 (5) : 750-757.

Hwang E K, Cho Y C, Sohn C H. 1997. Culture conditions on the early growth of *Hizikia fusiformis* (Phaeophyta) . J Aquac, 10: 190-211.

Hwang E K, Kim C H, Sohn C H. 1994a. Callus-like formation and differentiation in *Hizikia fusiformis* (Harvey) Okamura. Korean J Phycol, 9: 77-83.

Hwang E K, Park C S, Baek J M. 2006. Artificial seed production and cultivation of the edible brown alga, *Sargassum fulvellum* (Turner) C. Agardh: developing a new species for seaweed cultivation in Korea. J Appl Phycol, 18: 251-257.

Hwang E K, Park C S, Sohn C H. 1994b. Effects of light intensity and temperature on regeneration, differentiation and receptacle formation of *Hizikia fusiformis* (Harvey) Okamura. Korean J Phycol, 9: 85-93.

Hwang E K, Sohn C H. 1999. Regeneration of holdfasts for mass-seed production of *Hizikia* cultivation in Korea. 47th Winter Meeting of the British Phycol Soc.

Hwang R L, Tsai C C, Lee T M. 2004. Assessment of temperature and nutrient limitation on seasonal dynamics among species of *Sargassum* from coral reef in southern Taiwan. J Phycol, 40: 463-473.

Inoh S.1949. The development of seaweeds. Tokyo: Tarke Press.

Ito H, Sugiura M. 1976. Antitumor polysaccharide fraction from *Sargassum thunbergii*. Chem Pharm Bull, 24 (5) : 1114-1115.

Iwashima M, Mori J, Ting X, et al. 2005. Antioxidant and antiviral activities of plastoquinones from the brown alga *Sargassum micracanthum*, and a new chromene derivative converted from the plastoquinones. Biol Pharm Bull, 28 (2) : 374-377.

Jensen A ,Stein J R. 1979. Proceeding of the Ninth International Seaweed Symposium. Princeton: Science Press: 257-262.

Johansson G, Sosa P A, Snoeijs P. 2003. Genetic variability and level of differentiation in North Sea and Baltic Sea populations of the green alga *Cladophora rupestris*. Mar Biol, 142: 1019-1027.

Jones W E. 1956. Effect of spore coalescence in the early development of *Gracilaria verrucosa* (Hudson) Papenfuss. Nature, 178: 426-427.

Kain J M, Destombe C. 1995. A review of the life history, reproduction and phenonogy of *Gracilaria*. J Appl Phycol, 7: 269-281.

Kalyani S, Rao P S, Krishnaiah A. 2004. Removal of nickel (II) from aqueous solutions using marine macroalgae as the sorbing biomass. Chemosphere, 57 (9) : 1225-1229.

Kanoh H, Kitamura T, Kobayashi Y. 1992. A sulfated proteoglycan from the red alga *Gracilaria verrucosa* is a hemagglutinin. Comp Biochem Physiol (B) , 102 (3) : 445-449.

Kilar J A, Ajisaka T, Yoshida T, et al. 1992a. A comparative study of *Sargassum Polyporum* from the Ryukyu Islands (Japan) and *Sargassum Polyceratium* from the Florida Keys (United States) . *In*:Abbott I A. Taxonomy of Economic Seaweeds: With Reference to Some Pacific and Western Atlantic Species, Vol. III. California Sea Grant College, University of California, USA: 119-132.

Kilar J A, Hanisak M D, Yoshida T. 1992b. On the expression of phenotypic variability: why is *Sargassum* so taxonomically difficult? *In*:Abbott I A. Taxonomy of Economic Seaweeds: With Reference to Some Pacific and Western Atlantic Species, Vol. III. California Sea Grant College, University of California, USA: 95-117.

Kim B J, Lee H J, Yum S, et al. 2004. A short-term response of macroalgae to potential competitor removal in a mid-intertidal habitat in Korea. Hydrobiologia, 512: 57-62.

Kim D H. 1970. Economically important seaweeds in Chile - I. *Gracilaria*. Botanica Marina, 13: 140-162.

Kim J S, Kim Y H, Seo Y W, et al. 2007. Quorum sensing inhibitors from the red alga, *Ahnfeltiopsis flabelliformis*. Biotechnol Bioproc E, 12: 308-311.

Kim Y A, Kong C S, Um Y R, et al 2008. Antioxidant efficacy of extracts from a variety of seaweeds in a cellular system. Ocean Sci J, 43:31-37.

Koh C H, Kim Y, Kang S G. 1993. Size distribution, growth and production of *Sargassum thunbergii* in an intertidal zone of Padori, west-coast of Korea. Hydrobiologia, 261: 207-214.

Komiyama T, Sasamoto M. 1957. Studies on the propagation of *Gracilaria verrusocaz* (Hudson) Papenfuss I, on the settling of the spores and development of the early stage. Report of the Investigations on the Ariake Sea, 4: 25-34.

Kravchenko A O, Anastyuk S D, Isakov V V, et al. 2014. Structural peculiarities of polysaccharide from sterile form of Far Eastern red alga *Ahnfeltiopsis flabelliformis.* Carbohydrate Polysaccharides, 111: 1-9.

Kuschel F A. 1991. Abundance, effects and management of epiphytism in intertidal cultures of *Gracilaria* (Rhodophyta) in southern Chile. Aquaculture, 92: 7-19.

Lederberg J. 1952. Cell genetics and hereditary symbiosis. Physiol Rev, 32: 403-429.

Lee I K. 1978. Studies on *Rhodymeniales* from Hokkaido. J Fac Sci, Hokkaido Univ Ser V (Botany) , 11: 1-194.

Levy I, Beer S, Friedlander M. 1990. Strain selection in *Gracilaria* spp. 2. Selection for high and low temperature resistance in *G. verrucosa* sporelings. J Appl Phycol, 2:163-171.

Lewis J A, Womersley H B S. 1994. Family Phyllophoraceae Nägeli. 1947:248. *In*:Womersley H B S. The Marine Benthic Flora of Southern Australia. Part Ⅲ. A Australian Biological Resources Study Canberra: 259-270.

León-Alvarez D, Serviere-Zaragoza E, González-González.1997. Description of the tetrasporangial crustose and gametangial erect phases of *Ahnfeltiopis gigartinoides* (J. Ag.) Silba et DeCew (Rhodophyta, Phyllophoraceae) in Bahía de Banderas, Mexico. Botanica Marina, 40:397-404.

Li F, Xia N. 2005. Population structure and genetic diversity of an endangered species, *Glytostrobus pensilis* (Cupressaceae) . Bot Bull Acad Sin, 46: 155-162.

Lima M, Kinoshita T, Kawaguchi S. 1995. Cultivation of *Grateloupia acuminata* (Halymeniaceae, Rhodophyta) by regeneration from cut fragments of basal crusts and upright thalli. J Appl Phycol, 7: 583-588.

Liu D Y, Pichering A, Sun J. 2004. Preliminary study on the responses of three marine algae, *Ulva* (Chlorophyta) , *Gelidium amansii* (Rhodophyta) and *Sargassum enerve* (Phaeophyta) , to nitrogen source and its availability. J Ocean U China, 3 (1) : 75-79.

Liu H B, Koh K P, Kim J S, et al. 2008. The effects of betonicine, floridoside, and isethionic acid from the red alga *Ahnfeltiopsis flabelliformis* on quorum-sensing activity. Biotechnol Bioproc E, 13:458-463.

Loveless M D, Hamrick J L. 1984. Ecological determinants of genetic structure in plant populations. Annu Rev Ecol Syst, 15: 65-95.

Lu B R, Tseng C K. 2004. Studies on four new species of the malacocarpic *Sargassum* (Sargassaceae, Heterokontophyta) in China. Hydrobiologia, 512: 193-199.

Lu T T, Williams S L. 1994. Genetic diversity and genetic structure in the brown alga *Halidrys dioica* (Fucales: Cystoseiraceae) in southern California. Mar Biol, 121: 363-371.

Lüning K, Dring M J. 1972. Reproduction induced by blue light in female gametophytes of *Laminaria saccharina*. Planta, 104: 252-256.

Lüning K, Dring M J. 1975. Reproduction, growth and photosynthesis of gametophytes of *Laminaria saccharina* growth in blue and red light. Mar Biol, 29: 195-200.

Lüning K, Neushul M. 1978. Light and temperature demands for growth and reproduction of *Laminarian* gametophyte in southern and central California. Mar Biol, 45: 297-309.

Mantel N. 1967. The detection of disease clustering and a generalized regression approach. Cancer Res, 27: 209-220.

Mantri V A, Thakur M C, Kumar M, et al. 2009. The carpospore culture of industrially important red alga *Gracilaria dura* (Gracilariales, Rhodophyta) . Aquaculture, 297:85-90.

Mao W J, Li B F, Gu Q Q, et al. 2004. Preliminary studies on the chemical characterization and antihyperlipidemic activity of polysaccharide from the brown alga *Sargassum fusiforme*. Hydrobiologia, 512: 263-266.

Markert C L, Moller F. 1959. Multiple forms of enzymes: tissue, ontogenetic and species specific patterns. Proc Natl Acad Sci USA, 45: 753-763.

Martinez E A, Cardenas L. 2003. Recovery and genetic diversity of the intertidal kelp *Lessonia nigrescens* (Phaeophyceae) 20 years after El Nino 1982/1983. J Phycol, 39: 504-508.

Masuda M. 1981. Further observations on the life history of *Gymnogongrus flabelliformis* Harvey (Rhodophyta) in culture. J Fac Sci Hokkaido Univ Ser V (Bot) , 12:159-164.

Masuda M. 1987. Taxonomic notes on the Japanese species of *Gymnogongrus* (Phyllophoraceae, Rhodophyta) . J Fac Sci Hokkaido Univ Ser V (Bot) , 14:39-72.

Masuda M. 1993. *Ahnfeltiopsis* (Gigartinales, Rhodophyta) in the western Pacific. Jpn J Phycol, 41:1-6.

Masuda M, Decew T C, West J A. 1979. The tetrasporophyte of *Gymnogongrus flabelliformis* Harvey (Gigartinales, Phyllophoraceae) . Jpn J Phycol, 27:63-73.

Masuda M, Kogame K. 1998. *Ahnfeltiopsis triquetrifolia* sp. nov. (Gigartinales, Rhodophyta) from Japan. Eur J Phycol, 33:139-147.

Masuda M, Shimizu T, Kogame K. 1997. The life history of *Ahnfeltiopsis paradoxa* (Gigartinales, Rhodophyta) in laboratory culture. Phycol Res, 45:197-206.

Masuda M, Zhang J F, Xia B M. 1994 . Ahnfeltiopsis from the western Pacific: key, description, and distribution of the species. *In*: Abbott I A. Taxonomy of Economic Seaweeds Ⅳ. La Jolla: California Sea Grant College, University of California: 159-183.

Mclachlan J, Edelstein T. 1977. Life-history and culture of *Gracilaria foliifera* (Rhodophyta) from South Devon. J Mar Biol Ass UK, 57: 577-586.

Mikami H. 1965. A systematic study of the Phyllophoraceae and Gigartinaceae from Japan and its vicinity. Sci Pap Inst Alg Res Fac Sci Hokkaido Univ, 5:181-285.

Miranda G E C, Yokoya N S, Fujii M T. 2012. Effects of temperature, salinity and irradiance on carposporeling development of *Hidropuntia caudata* (Gracilariales, Rhodophyta) . Brazilian J Pharmaco, 22:818-824.

Nakamura H, Tatewakl Y M, Nakahara H, et al. 1971. The seasonal variation of standing crops of *Sargassum thunbergii*. Interim Report of the Kuroshio Littoral region Research Group for JIBP PM: 15-17.

Nanba N. 1995. Egg release and germling development in *Sargassum horneri* (Fucales, Phaeophyceae) . Phycol Res, 43: 121-125.

Nei M. 1978. Estimation of average heterozygosity and genetic distance from a small number of individuals. Genet, 89: 583-590.

Nies M, Wehrmeyer W. 1980. Isolation and biliprotein characterization of phycobilisomes from the thermophilic cyanobacterium *Mastigocladus laminosus* Cohn. Planta, 150: 330-337.

Noguchi T, Matsui T, Miyazawa K, et al. 1994. Poisoning by the red alga 'ogonori' (*Gracilaria verrucosa*) on the Nojima Coast, Yokohama, Kanagawa Prefecture, Japan. Toxicon, 32 (12) : 1533-1538.

Norris R E. 1994. Hawaiian Phyllophoraceae. *In*: Abbott I A. Taxonomy of Economic Seaweeds Ⅳ. La Jolla: California Sea Grant College Program, University of California: 185-191.

Norton T A. 1977. Ecological experiments with *Sargassum muticum*. J Mar Biol Ass UK, 57: 33-43.

Ogata E, Marsui T, Nakamura H. 1972. The life cycle of *Gracilaria verrucosa* (Rhodophyceae, Gigartinales) *in vitro*. Thycologia, 11 (1) : 75-80.

Ohmi H. 1956. Contributions to the knowledge of Gracilariaceae from Japan, Ⅱ. On a new species of the genus *Gracilariopsis* with some considerations on its ecology. Bulletin of the Faculty of Fisheries Hokkaido University, 6: 271-279.

Oliveira E C, Plastino E M. 1994. Gracilariaceae. *In*: Akatsuka I. Biology of Economic Algae. The Hague: SPB Academic Publishing.

Orduña-Rojas J, Robledo D. 1999. Effect of irradiance and temperature on the release and growth of carpospores from *Gracilaria cornea* J. Agardh (Gracilariales, Rhodophyta) . Bot Mar, 42:315-319.

Padilha F P, de Franca F P, da Costa A C A. 2005. The use of waste biomass of *Sargassum* sp. for the biosorption of copper from simulated semiconductor effluents. Bioresource Technol, 96: 1511-1577.

Pang S J, Chen L T, Zhuang D G, et al. 2005. Cultivation of the brown alga *Hizikia fusiformis* (Harvey) Okamura: enhanced seedling production in tumbled culture. Aquaculture, 245: 321-329.

Pang S J, Gao S Q, Sun J Z. 2006. Cultivation of the brown alga *Hizikia fusiformis* (Harvey) Okamura: controlled fertilization and early development of seedlings in raceway tanks in ambient light and temperature. J Appl Phycol, 18: 723-731.

Park C S, Hwang E K, Yi Y H, et al.1995. Effects of daylength on the differentiation and receptacle formation of *Hizikia fusiformis* (Harvey) Okamura. Korean J Phycol, 10: 45-50.

Park P J, Heo S J, Park E J, et al. 2005. Reactive oxygen scavenging effect of enzymatic extracts from *Sargassum thunbergii*. J Agr Food Chem, 53 (17) : 6666-6672.

Parker P G, Snow A A, Schug M, et al. 1998. What molecules can tell us about populations: choosing and using a molecular marker. Ecology, 79: 361-382.

Peason E A, Murray S N. 1997. Patterns of reproduction, genetic diversity and genetic differentiation in California populations of the geniculate coralline alga *Lithothrix aspergillum* (Rhodophyta) . J Phycol, 33: 753-763.

Pereira L, van de Veldeb F. 2011. Portuguese carrageenophytes: carrageenan composition and geographic distribution of eight species (Gigartinales, Rhodophyta) . Carbohydrate Polymers, 84: 614-623.

Phillips N. 1995. Biogeography of *Sargassum* (Phaeophyta) in the Pacific Basin. *In*:Abbott I A. Taxonomy of Economic Seaweeds, Vol. 5. California Sea Grant College Program, La Jolla: 107-144.

Phillips N, Smith C, Morden C, et al. 2000. Global systematic and phylogenetic analysis of *Sargassum* in the gulf of Mexico, Caribbean and Pacific basin. J Phycol, 36: 55-64.

Phillips N, Smith C, Morden C W. 2005. Testing systematic concepts of *Sargassum* (Fucales, Phaeophyceae) using portions of the *rbcLS* operon. Phycol Res, 53: 1-10.

Plastino E M. 1988. Deviations in the life-history of *Gracilaria* sp. (Rhodophyta, Gigartinales), from Coquimbo, Chile, under different culture conditions. Hydrobiologia, 164(1): 67-74.

Plouguerné E, Lann K L, Connan S, et al. 2006. Spatial and seasonal variation in density, reproductive status, length and phenolic content of the invasive brown macroalga *Sargassum muticum* (Yendo) Fensholt along the coast of Western Brittany (France) . Aquat Bot, 85: 337-344.

Prakash S, Lewontin R C, Hubby J L. 1969. A molecular approach to the study of genetic heterozygosity in natural populations. Ⅳ. Patterns of genetic variation in central, marginal and isolated populations of *Drosophila pseudoobscura*. Genet, 61: 841-858.

Primke M, Berger S, Schweiger H G. 1978. Protoplasts from Acetabularia: isolation and fusion. Cytobiologic, 16: 375-380.

Put O Ang Jr. 2006. Phenology of *Sargassum* spp. in Tung Ping Chau Marine Park, HongKong SAR, China. J Appl Phycol, 18 (3-5) : 629-636.

Qian P Y, Wu C Y, Wu M, et al. 1996. Integrated cultivation of the red alga *Kappaphycus alvarezii* and the pearloyster Pinctada martensi. Aquaculture, 147: 21-35.

Ren G Z, Chen M Q. 1986. On the "coalescence" phenomena during the disc stage of young sporeling in Gracilaria. Mar Sci, 10:49-50.

Rice E L, Bird C J. 1990. Relationships among geographically distant populations of *Gracilaria verrucosa* (Gracilariales, Rhodophyta) and related species. Phycologia, 29 (4) : 501-510.

Rivera M, Scrosati R. 2006. Population dynamics of *Sargassum lapazeanum* (Fucales, Phaeophyta) from the Gulf of California, Mexico. Phycologia, 45: 178-189.

Rubin E, Rodriguez P, Herrero R, et al. 2005. Removal of methylene blue from aqueous solutions using as biosorbent *Sargassum muticum*: an invasive macroalga in Europe. J Chem Tech Biotech, 80 (3) : 291-298.

Sajiki J, Kakimi H. 1998. Identification of eicosanoids in the red algae, *Gracilaria asiatica*, using high-performance liquid chromatography and electrospray ionization mass spectrometry. J Chromatogr A, 795 (2) : 227-237.

Sánchez Í, Fernández C. 2005. Impact of the invasive seaweed *Sargassum muticum* (Phaeophyta) on an intertidal macroalgal assemblage. J Phycol, 41: 923-930.

Santelices B, Alvarado J. 2008. Demographic consequences of coalescence in sporeling populations of *Mazzaella laminarioides* (Gigartinales, Rhodophyta) . J Phycol, 44:624-636.

Santelices B, Alvarado J L, Chianale C, et al. 2011. The effects of coalescence on survival and development of *Mazzaella laminarioides* (Rhodophyta, Gigartinales) . J Appl Phycol, 23:395-400.

Santelices B, Correa J A, Isabel M. 1996. Sporeling coalescence and intraclonal variation in *Gracilaria chilensis* (Gracilariales, Rhodophyta) . J Phycol, 32: 313-322.

Santelices B, Doty M S. 1989. A review of *Gracilaria* farming. Aquaculture, 78: 59-133.

Santelices B, Hormazabal M, Correa J, et al. 2004. The fate of overgrown germlings in coalescing Rhodophyta. Phycologia, 43 (4) : 346-352.

Saunders G W, Strachan I M, Kraft G T. 1999. The families of the order *Rhodymeniales* (Rhodophyta): a molecular-systematic investigation with a description of *Faucheaceae* fam. nov. Phycologia, 38: 23-40.

Schaeffer T N, Smith G J, Foster M S, et al. 2002. Genetic differences between two growth-forms of *Lithophyllum margaritae* (Rhodophyta) in baja California sur, Mexico. J Phycol, 38: 1090-1098.

Schneider C W, Wynne M J. 2007. A synoptic review of the classification of red algal genera a half century after Kylin's "Die Gattungen der Rhodophyceen". Botanica Marina, 50: 197-249.

Shang Y C. 1976. Economic Aspects of *Gracilaria* Culture in Taiwan. Aquaculture, (8) : 1-7.

Shankle A M. 2004. Temporal patterns in population genetic diversity of *Prorocentrum micans* (Dinophyceae) . J Phycol, 40: 239-247.

Shao K S, Wang J X, Zhou B C. 2004. Production and application of filaments of *Grateloupia turuturu* (Halymeniaceae, Rhodophyta) . J Appl Phycol, 16:431-437.

Shi C J, Kataoka H, Duan D L. 2005. Effects of blue light on gametophyte development of *Laminaria japonica* (Laminariales, Phaeophyta) . Chinese J Oceanol Limnol, 23: 323-329.

Shivji M S. 1991. Organization of the chloroplast genome in the red alga *Porphyra yezoensis*. Curr Genet, 19: 49-54.

Silva P C, DeCew T C. 1992. *Ahnfeltiopsis*, a new genus in the *Phyllophoraceae* (Gigartinales, Rhodophyceae) . Phycologia, 31:576-580.

Sosa P A, Garcia-Reina G. 1993. Genetic variability of *Gelidium canariensis* (Rhodophyta) determined by isozyme electrophoresis. J Phycol, 29: 118-124.

Sosa P A, Valero M, Batista F, et al. 1998. Genetic structure of natural populations of *Gelidium* species: a re-evaluation of results. J Appl Phycol, 10: 279-284.

Steen H. 2004. Effects of reduced salinity on reproduction and germling development in *Sargassum muticum* (Phaeophyceae, Fucales) . Eur J Phycol, 39 (3) : 293-299.

Stiger V, Horiguchi T, Yoshida T, et al. 2000. Phylogenetic relationships of *Sargassum* (Sargassaceae, Phaeophyceae) with reference to a taxonomic revision of the section *Phyllocystae* based on ITS-2 nrDNA sequences. Phycol Res, 48: 251-260.

Stiger V, Horiguchi T, Yoshida T, et al. 2003. Phylogenetic relationships within the genus *Sargassum* (Fucales, Phaeophyceae) , inferred from ITS-2 nrDNA, with an emphasis on the taxonomic subdivision of the genus. Phycol Res, 51: 1-10.

Tautz D. 1989. Hypervariability of simple sequence as a general source for polymorphic DNA markers. Nucleic Acid Research, 17: 6463-6471.

Terawaki T, Yoshikawa K, Yoshida G, et al. 2003. Ecology and restoration techniques for *Sargassum* beds in the Seto Inland Sea, Japan. Mar Pollut Bull, 47: 198-201.

Tetsu H, Jiro T, Tetsuo I, et al. 2001. Ecological studies on the community of drifting seaweeds in the south-eastern coastal waters of Izu Peninsula, central Japan. Ⅰ. Seasonal changes of plants in species composition, appearance, number of species and size. Phycological Research, 49 (3) : 215-229.

Thorpe J P. 1982. The molecular clock hypothesis: biochemical evolution, genetic differentiation and systematics. Am Rev Ecol Syst, 13 (1) : 139-168.

Tseng C K. 1983. Common Seaweeds of China. Beijing: Science Press.

Tseng C K. 1985. *Sargassum* Sect. *Phyllocystae sect.* Nov., a new section of *Sargassum* subgenus *Bactrophycus*, *In*: Abbott I A. Taxonomy of Economic Seaweeds, Vol. I. California Sea Grant College Program, La Jolla: 1-15.

Tsukidate J. 1984. Studies on the regenerative ability of the brown algae, *Sargassum muticum* (Yendo) Fensholt and *Sargassum tortile* C. Agardh. Hydrobiologia, 116/117: 393-397.

Uchida T. 1993. The life cycle of *Sargassum horneri* (Phaeophyta) in laboratory culture. J Phycol, 29: 231-235.

Umezaki I. 1974. Ecological studies of *Sargassum thunbergii* (Mertens) G. Kuntze in Maizuru Bay. Japan Sea Bot Mag Tokyo, 87: 285-292.

van Oppen M J H, Klerk H, De Graaf M, et al. 1996. Assessing the limits of random amplified polymorphic DNAs (RAPDs) in seaweed biogeography. J Phycol, 32: 433-444.

van Oppen M J H, Olsen J L, Stam W T. 1995. Genetic variation within and among North Atlantic and Baltic populations of the benthic alga *Phycodrys rudens* (Rhodophyta) . Eur J Phycol, 30: 251-260.

Villemur R. 1990. Circular plasmid DNAs from the red alga *Gracilaria chilensis*. Curr Genet, 18: 251-257.

Vis M L. 1999. Inter-simple sequence repeats (ISSR) molecular markers to distinguish gametophytes of *Batrachospermum boryanum* (Batrachospermales, Rhodophyta) . Phycologia, 38 (1) : 70-73.

Waaland S D. 1978. Parasexually produced hybrids between female and male of *Griffithsia tenuis* C. Agardh, a red alga. Planta, 138: 65-68.

Wang A H, Shuai L, Duan D L. 2006. Filaments induction of *Halymenia sinensis* (Halymeniaceae, Rhodophyta) . Bot Mar, 49:352-354.

Wang G G, Jiang C M, Wang S S, et al. 2012. Early development of *Grateloupia turuturu* (Halymeniaceae, Rhodophyta) . Chin J Oceanol Limnol, 30: 264-268.

Wang S J, Shen H S. 1993. The rapid culture and breeding of free living filament clones of *Porphyra yezoensis*. J Shanghai Fish Univ, 2:1-5.

Wei S Q. 1990. Study of mixed culture of *Gracilaria tenuistipitata*, *Penaeus penicillatus* and *Scylla serrata*. Acta Oceanol Sinica, 12 (3) : 388-394.

Wei X, Wei J Q, Cao H L, et al. 2005. Genetic diversity and differentiation of *Camellia euphlebia* (Theaceae) in Guangxi, China. Ann Bot Fenn, 42: 365-370.

Welsh J, Mcclelland M. 1990. Fingerprinting genomes using PCR with arbitrary primers. Nucl Acids Res, 18: 7213-7218.

Wernberg T, Thomsen M S, Staehr P A, et al. 2004. Epibiota communities of the introduced and indigenous macroalgal relatives *Sargassum muticum* and *Halidrys siliquosa* in Limfjorden (Denmark) . Helgoland Mar Res, 58 (3) : 154-161.

Williams J G K, Kublelik A R, Livak K J, et al. 1990. DNA polymorphism amplified by arbitrary primers are useful as genetic markers. Nucl Acids Res, 18: 6531-6535.

Wong C L, Gan S Y, Phang S M. 2004. Morphological and molecular characterisation and differentiation of *Sargassum baccularia* and *S. polycystum* (Phaeophyta) . J Appl Phycol, 16 (6) : 439-445.

Wong C L, Phang S M. 2004. Biomass production of two *Sargassum* species at Cape Rachado, Malaysia. Hydrobiologia, 512: 1-3.

Wright J T, Zuccarello G C, Steinberg P D. 2000. Genetic structure of the subtidal red alga *Delisea pulchra*. Mar Biol, 136: 439-448.

Wright S. 1946. Isolation by distance under diverse systems of mating. Genet, 31: 39-59.

Wright S. 1978. Evolution and Genetics of Populations. Chicago：University of Chicago Press.

Wu S X, Sun J, Chi S, et al. 2014. Transcriptome sequencing of essential marine brown and red algal species in China and its significance in algal biology and phylogeny. Acta Oceanol Sin, 33: 1-12.

Wynne M J. 2005. *Chrysymenia tigillis* sp. nov. (Rhodymeniales, Rhodophyta) from the Sultanate of Oman, with a census of currently recognized species in the genus Chrysymenia. Phycological Research, 53 (3) : 215-223.

Xue D W, Ge X J, Hao G, et al. 2004. High genetic diversity in a rare, narrowly endemic primrose species: Primula interjacens by ISSR analysis. Acta Bot Sinica, 46: 1163-1169.

Yamamoto H. 1978. Systematic and anatomical study of the genus *Gracilaria* in Japan. Mem Fac Fish, Hokkaido Univ, 25: 97-152.

Yan X H, Wang S J. 1993. Regeneration of whole plant from *Gracilaria asiatica* Chang et Xia protoplasts (Gracilariaceae, Rhodophyta) . Hydrobiologia, 260/261 (1) : 429-436.

Yasantha A, Won-Kyo J, Thava V, et al. 2006. An anticoagulative polysaccharide from an enzymatic hydrolysate of *Ecklonia cava*. Carbohydrate Polymers, 66: 184-191.

Ye N, Wang H, Wang G. 2006. Formation and early development of tetraspores of *Gracilaria lemaneiformis* (Gracilaria, Gracilariaceae) under laboratory conditions. Aquaculture, 254:219-226.

Yeh F C, Yang R C, Boyle T, et al. 1997. POPGENE, the user-friendly shareware for population genetic analysis. Molecular Biology and Biotechnology Center. University of Alberta, Edmonton, Alberta, Canada.

Yeh W J. 2000. Genetic similarity of geographic *Caulerpa* (Chlorophyta) populations in Taiwan island revealed by random amplified polymorphic DNA. J Fish Soc Taiwan, 27 (2) : 115-127.

Yokoya N S, Oliveira E C. 1993. Effects of temperature and salinity on spore germination and sporeling development in South American agarophytes (Rhodophyta) . Japanese Jpn J Phycol, 41:283-293.

Yoshida G, Uchida T, Arai S, et al. 1999. Development of adventive embryos in cauline leaves of *Sargassum macrocarpum* (Fucales, Phaeophyta) . Phycol Res, 47: 61-64.

Yoshida G, Yoshikawa K, Terawaki T. 2000a. Germination rate and growth of *Sargassum horneri* embryos stored for a long term under low temperature. Nippon Suisan Gakk, 66: 739-740.

Yoshida G, Yoshikawa K, Terawaki T. 2001. Growth and maturation of *Sargassum horneri*seedlings after long term storage under a low temperature condition. Jpn J Phycol, 49: 177-184.

Yoshida T, Stiger V, Horiguchi T. 2000b. *Sargassum boreale*sp. nov. (Fucales, Phaeophyceae) from Hokkaido, Jpn Phycol Res, 48: 125-131.

Yoshida T. 1983. Japanese species of *Sargassum* subgenus Bactrophycus (Phaeophyta, Fucales) . J Fac Sci Hokkaido Univ Series V (Bot) , 13: 242-246.

Yoshizawa Y, Tsunehiro J, Nomura K, et al. 1996. *In vivo* macrophage-stimulation activity of the enzyme-degraded water-soluble polysaccharide fraction from a marine alga (*Gracilaria verrucosa*) . Biosci Biotechnol Biochem, 60 (10) : 1667-1671.

Zebeau M, Vos P. 1993. Selective restriction fragment amplification: a general method for DNA fingerprinting. European Patent Application Number: 92402629. 7.

Zhang J F, Xia B M. 1984. Some problems in the taxonomy of Chinese species of *Gracilaria* (Rhodophyta) . Hydrobiologia, 116/117: 19-23.

Zhao F J, Wang A H, Liu J D, et al. 2006. New phenomenon during the early development of sporelin gs in *Gracilaria asiatica* Chang et Xia (Gracilariaceae, Rhodophyta). Chin J Oceanol Limnol, 24:364-369.

Zhao F J, Zhao Z G, Wang A H, et al. 2010. Carpospore early development and callus-like tissue induction of *Chrysymenia wrightii* (Rhodymeniaceae, Rhodophyta) under laboratory conditions. J Appl Phycol, 22:195-202.

Zhao X B, Pang S J, Shan T F, et al. 2013. Applications of three DNA barcodes in assorting intertidal red macroalgal flora in Qingdao, China. J Ocean Univ China, 12: 139-145.

Zhou Y H, Ragan M A. 1994. Cloning and characterization of the nuclear gene encoding plastid glyceraldehyde-3-phosphate dehydrogenase from the marine red alga *Gracilaria verrucosa*. Curr Genet, 26 (1) : 79-86.

Zhou Y H, Ragan M A. 1995a. Characterization of the polyubiquitin gene in themarine red alga *Gracilaria verrucosa*. Biochem Biophys Acta, 1261 (2) : 215-222.

Zhou Y H, Ragan M A. 1995b. Characterization of the nuclear gene encoding mitochondrial aconitase in the marine red alga *Gracilaria verrucosa*. Plant Mol Biol, 28 (4) : 635-646.

Zietkiewicz E, Rafalski A, Labuda D. 1994. Genome fingerprinting by simple sequence repeat (SSR) -anchored polymerase chain reaction amplification. Genomics, 20: 176-183.

本研究筛选的 300 条 RAPD 引物

S1	S2	S3	S4	S5	S6	S7	S8
S9	S10	S11	S12	S13	S14	S15	S16
S17	S18	S19	S20	S21	S22	S23	S24
S25	S26	S27	S28	S29	S30	S31	S32
S33	S34	S35	S36	S37	S38	S39	S40
S41	S42	S43	S44	S45	S46	S47	S48
S49	S50	S51	S52	S53	S54	S55	S56
S57	S58	S59	S60	S61	S62	S63	S64
S65	S66	S67	S68	S69	S70	S71	S72
S73	S74	S75	S76	S77	S78	S79	S80
S101	S102	S103	S104	S105	S106	S107	S108
S109	S110	S111	S112	S113	S114	S115	S116
S117	S118	S119	S120	S181	S182	S183	S184
S185	S186	S187	S188	S189	S190	S191	S192
S193	S194	S195	S196	S197	S198	S199	S200
S201	S202	S203	S204	S205	S206	S207	S208
S209	S210	S211	S212	S213	S214	S215	S216
S217	S218	S219	S220	S341	S342	S343	S344
S345	S346	S347	S348	S349	S350	S351	S352
S353	S354	S355	S356	S357	S358	S359	S360
S361	S362	S363	S364	S365	S366	S367	S368
S369	S370	S371	S372	S373	S374	S375	S376
S377	S378	S379	S380	S401	S402	S403	S404
S405	S406	S407	S408	S409	S410	S411	S412
S1001	S1002	S1003	S1004	S1005	S1006	S1007	S1008
S1009	S1010	S1011	S1012	S1013	S1014	S1015	S1016
S1017	S1018	S1019	S1020	S1021	S1022	S1023	S1024

S1025	S1026	S1027	S1028	S1029	S1030	S1031	S1032
S1033	S1034	S1035	S1036	S1037	S1038	S1039	S1040
S1201	S1202	S1203	S1204	S1205	S1206	S1207	S1208
S1209	S1210	S1211	S1212	S1213	S1214	S1215	S1216
S1217	S1218	S1219	S1220	S1501	S1502	S1503	S1504
S1505	S1506	S1507	S1508	S1509	S1510	S1511	S1512
S1513	S1514	S1515	S1516	S1517	S1518	S1519	S1520
S2021	S2022	S2023	S2024	S2025	S2026	S2027	S2028
S2029	S2030	S2031	S2032	S2033	S2034	S2035	S2036
S2037	S2038	S2039	S2110	S2111	S2112	S2113	S2114
S2115	S2116	S2117	S2118				

本研究筛选的 50 条
ISSR 引物序列*

引物编号	序列（5′→3′）	引物编号	序列（5′→3′）
807	$(AG)_8T$	843	$(CT)_8RA$
808	$(AG)_8C$	844	$(CT)_8RC$
809	$(AG)_8G$	845	$(CT)_8RG$
810	$(GA)_8T$	847	$(CA)_8RC$
811	$(GA)_8C$	848	$(CA)_8RG$
814	$(CT)_8A$	849	$(GT)_8YA$
815	$(GA)_8T$	851	$(GT)_8YG$
818	$(CA)_8G$	852	$(TC)_8RA$
819	$(GT)_8A$	853	$(TC)_8RT$
820	$(GT)_8C$	855	$(AC)_8YT$
821	$(GT)_8T$	856	$(AC)_8YA$
822	$(TC)_8A$	857	$(AC)_8YG$
823	$(TC)_8C$	858	$(TG)_8RT$
824	$(TC)_8G$	859	$(TG)_8RC$
825	$(AC)_8T$	864	$(ATG)_6$
826	$(AC)_8C$	873	$(GACA)_4$
827	$(AC)_8G$	879	$(CTTCA)_3$
828	$(TG)_8A$	880	$GGA(GAG)_2AGGAG$
830	$(TG)_8G$	881	$G_3TG_4TG_4TG$
834	$(AG)_8YT$	884	$HBHA(AG)_7$
835	$(AG)_8YC$	889	$BHBG(AG)_6A$
836	$(AG)_8YGA$	890	$(GGAGA)_3$
840	$(GA)_8YT$	900	$HVH(TG)_7$
841	$(GA)_8YC$	901	$VHV(GT)_7$
842	$(GA)_8YG$	902	$BDB(CA)_7$

* B＝G/C/T；D＝A/G/T；H＝A/C/T；R＝A/G；V＝A/G/C；Y＝C/T